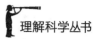
理解科学丛书

MISTY SKY

The road to heaven

迷蒙星空

探天之路

张邦宁◎编著

U0326127

清华大学出版社

北京

图书在版编目（CIP）数据

迷蒙星空：探天之路/张邦宁编著. --北京：清华大学出版社，2015（2019.6 重印）
（理解科学丛书）
ISBN 978-7-302-40729-4

Ⅰ．①迷…　Ⅱ．①张…　Ⅲ．①宇宙—青少年读物　Ⅳ．①P159-49

中国版本图书馆 CIP 数据核字（2015）第 161919 号

责任编辑：朱红莲　王　华
封面设计：蔡小波
责任校对：刘玉霞
责任印制：沈　露

出版发行：清华大学出版社
　　　　网　　　址：http://www.tup.com.cn，http://www.wqbook.com
　　　　地　　　址：北京清华大学学研大厦 A 座　**邮　　编：**100084
　　　　社 总 机：010-62770175　　　　　　　　　**邮　　购：**010-62786544
　　　　投稿与读者服务：010-62776969，c-service@tup.tsinghua.edu.cn
　　　　质量反馈：010-62772015，zhiliang@tup.tsinghua.edu.cn
印 装 者：山东润声印务有限公司
经　　销：全国新华书店
开　　本：165mm×240mm　　**印　张：**15.25　　**字　　数：**215 千字
版　　次：2015 年 8 月第 1 版　　　　　　**印　　次：**2019 年 6 月第 2 次印刷
定　　价：39.00 元

产品编号：064998-02

绘画：张京

谨以本书献给清华大学附属中学,纪念母校诞生一百周年。

　　"宇宙、宇宙学、航天、航天科技"这些词汇已为人们耳熟能详。宇宙大爆炸、黑洞的观测确认；宇宙微波背景辐射和恒星光谱红移的测定；人造卫星，飞船，探月、探火星的飞行器，飞离太阳系、飞向更遥远太空等航天活动，为越来越多的人所知晓，引起各个年龄层人们的好奇与兴趣。那么，从古至今，宇宙科学与航天科技经历了怎样的过程？发生过哪些大的著名事件？人们是如何看待和认识这些的？这些事件对人类自身又产生了何种影响？特别是时至今日，人类对我们身在其中的宇宙本质究竟了解到何种程度，有哪些重要的研究理论和成果？根据国内外众多专著的论述和历史书籍的记载，本书会对这些内容一一予以讲述。

　　记得多年前，夏日晴朗夜晚，仰望星空，无限深邃，天穹广阔，繁星璀璨，给人以无尽的遐想；看到夜空中流星的划过，人造航天器的移行，感叹人生之短暂，宇宙之浩渺。又经历了多少岁月，随着时代的变迁，科学的进步，技术的发展，思想的解放，使人类有了更深切的感悟：宇宙处于永恒的变化、运动中。除此之外，世上不存在绝对之物。任何理论、任何思想，都应该受到宇宙不断变化、运动的检验并加以修正，使之趋于完善。从本书讲述的宇宙、航天发展历史中的诸多事件充分证明了这点。至于某些利益权贵集团，像西方中世纪教廷，为了维持宗教统治，墨守成规，残酷镇压那些勇于探索、敢于提出新理论的学者，对他们进行宗教审判、迫害，甚至将他们火刑烧死，使西方社会坠入黑暗世纪。这是很为现代文明社会所不齿的。随着科技的进步，探测水平的提高，人们对宇宙的理解会更加符合宇宙的真实，并相信：宇宙的规律是可以逐步把握的。顺应宇宙的发展方向、破除各种陈旧之束缚、确立对宇宙真实的认知、应用于周围的世界，会使我们的社会、生活和思想趋向科学与和谐。具有宇宙之精神，对真理的自由探索与不断追求，正是我们共同的宇宙观、理念与信仰。

按照宇宙科学和航天科技发展的历史进程，我们划分为五个大的时期来顺序讲述：

远古时代关于宇宙的众多神话传说可称为宇宙学说的启蒙阶段，我国史书上有关的天象记录和天文历法记载是其中亮点。这是第一时期。

从公元前 6 世纪到公元 3 世纪，在中国，关于早期宇宙科学的各项内容大体已经完备，一个富有特色的初级体系已经建立起来；而古希腊、罗马的学者在宇宙的本源和结构理论上则出现了激烈争斗，此后西方进入黑暗的中世纪。宇宙学沦入了神学深渊，地心说主宰了宇宙学。这是第二时期。

从公元 3 世纪到 17 世纪，在中国，在宇宙观念、仪器制造、历法编算和大地测量等方面取得了许多成就，达到高峰，但后来逐渐衰败下来，经历了从繁荣发展—鼎盛—衰落的过程。而西方，熬过了漫长的黑暗世纪后，16 世纪哥白尼倡导的日心说，开始把宇宙学从神学中解放出来；17 世纪牛顿开辟了以力学方法研究宇宙学的新途径，诞生了经典宇宙学，他发明了天文望远镜并用于天文观测，取得了众多成果。这是第三时期。

十八九世纪,西方学者创立了星云学说;确立了天体演化学科;对恒星进行了大量观测;把以前只限于太阳系的研究扩大到银河系和河外星系;发明了分光镜;宇宙天文观测的设备、技术和方法取得了大的进展,这些工作为现代宇宙学开拓了道路。中国的宇宙科学受到西学的影响,逐步与其融合。这是第四时期。

20世纪到目前,宇宙科学与航天科技有了极大的发展。量子力学和爱因斯坦相对论的创立;哈勃宇宙膨胀理论和宇宙大爆炸理论的重要证实;河外星系谱线红移和微波背景辐射的发现、证实;中国学者恒星演化模型的建立和对宇宙运动现象的有力诠释;航天理论的奠定和众多航天活动实践;航天遥感、遥测技术和空间飞行技术的发明及应用;展现着宇宙科学和航天科技无穷的魅力。现代宇宙学正在充满活力地发展着。这是第五时期。

需要指出,尽管分为五个时期来讲述,但是各个时期是有密切联系的,会有交织、融汇之处,不能把它们截然分开、孤立看待。时期的年代划分也是粗略的。

经过千百年来一代又一代脑力和体力劳动者不懈的发现、发明、研究、探索和创造,灿烂辉煌的宇宙学和航天大厦已经基本建造起来,但仍有一些不解之谜等待人们去破解。如果通过本书引起诸位的兴趣,进而加入探求宇宙和航天奥秘的行列中,并在此过程中陶冶情操,那么笔者会由衷地感到欣慰。

宇宙学问题涉及的学科范围广泛,特别是与天文学紧密关联,而按传统学科划分仅是天文学的一个分支,本书则基本用宇宙学来统一涵盖了。

张邦宁

2015年3月

目录

THE MISTY UNIVERSE
THE SKY OF THE ROAD

1 启蒙时期,迈出推测宇宙第一步

远古时代,人类的祖先在日常生活和从事农牧业生产过程中,逐渐意识到日月运行、昼夜交替、寒来暑往这些天象变化对他们影响很大,与他们密切相关,并且变化是有一定规律的。人们通过对天文现象的长期观察、忠实记录,形成了早期的信息积累;并结合实际需要,制定出了历法。天象的观察、记录和历法的订立构成天文学的第 1 章,也是认识宇宙的开端。与此同时,壮丽的、有规律的、有时却变幻多端的天象也引起了人们的赞叹、惊恐、信服和崇敬,从而产生了对自然力的崇拜。占星术受到统治阶层的重视,他们想要以此来了解上天。智者在久久思索后,作出对宇宙的推测,努力解开各种疑团。在史前考古和古岩画中,发现了有类似飞行器和日月星辰的图形,由此可以看到人类思想的活跃。由于实证极少,这里仅点到为止。经过上述因素综合作用,早期的宇宙学说出现,同时也有了远古的神话和宗教。

1.1　古代中国的宇宙及天文学

1.1.1　天象观测和记录

据《尚书》记载，早在尧舜时代，"乃命羲和，钦若昊天，历象日月星辰，敬授人时"。即按照《尚书》所言，在四千多年前的尧舜时代就已经设立专门的天文官职，任命羲和来观天象，记录日月星辰之变动情况，使人们把握农时季节。

在古代，观测、记录并解释天象，是统治者的特权，是垄断性的，"绝地通天"，普通百姓不得参与。统治者以此表示自己是受命于天，是能够与上天沟通的，是得到上天保护的，自己的一切行动都是符合天意的，百姓必须服从。统治者每年都要举行几次大典，祭祀上天、昭告四方自己是正统，以期继续受到上天保佑。如果观测到凶兆，统治者要想方设法来化解，严重的要下"罪己诏"来检讨。每当军事行动之前，必得观天象、占卜吉凶，期望顺应天意，获取胜利。不过常见的是为农事，以确认季节时令。

《尚书·尧典》，"期三百有六旬有六日，以闰月定四时成岁"。当时确定平年 12 朔，若干年后加闰月，年平均长度 366 天。

通过观测"昏中星"判断季节。

夏朝后期（公元前 18 世纪—前 16 世纪），还观测"旦中星"和北斗星斗柄的指向变化，以便更准确地掌握节令。"斗柄东指，天下皆春；斗柄南指，天下皆夏；斗柄西指，天下皆秋；斗柄北指，天下皆冬。"

北极星

商代（公元前 16 世纪—前 11 世纪）后期盘庚定都于殷，有大量甲骨记载各种天象：日食、月食、新星和干支纪日等。

西周时期（公元前 11 世纪—前 8 世纪）。把黄道和赤道区域划分为二十八宿，后来进而分为东、南、西、北四宫，并与"四象"相配：

东宫苍龙：角、亢、氐、房、心、尾、箕

南宫朱雀：井、鬼、柳、星、张、翼、轸

西宫白虎：奎、娄、胃、昴、毕、觜、参

北宫玄武：斗、牛、女、虚、危、室、壁

开始用仪器进行天文观测，已发明圭表。西周初期周公在阳城(今河南省登封市告城镇)设立测景台。

关于日月星辰的记载：

1. 日食和月食

殷商甲骨文有日月食记载，留存的甲骨卜辞中，至少有三条被认为描述了日食现象，有五条被证实是可靠的月食记录。最早的记载为《尚书·胤征》记录夏仲康元年(约公元前 2000 年)"乃季秋月朔，辰弗集于房"。

日食分为"日全食"、"日环食"和"日偏食" 3 种。除了食分很少的日偏食不易引起人们注意外，日食总体来讲是一种非常显著的天象变化。月食分为"月全食"和"月偏食" 2 种，其中月偏食不易引人注意。中国古代有世界上最完整的日食及月食记录。

《诗·小雅·十月之交》中记载了一次日食和一次月食，大致确定发生在公元前 8 世纪前期。

《逸周书·小开解》中记载："维三十有五祀，五念曰：正月丙子，拜里食无时。"即文王三十五年正月丙子发生了一次月食。据认为这次月食也是在商纣王三十八年，故将这次月食作为联系殷、周年代的确证。

《春秋》中记载的日食和月食大都可考。《春秋》以后的日食和月食都有史可查。中国古代史籍中关于日食的记载共计 1600 多项，月食为 1100 多项。这是中国古代宇宙、天文学遗产的宝贵组成部分。

2. 太阳黑子

最早记录为汉成帝河平元年(公元前 28 年)："汉成帝河平元年三月乙未，日出黄，有黑气大如钱，居中央。"

从此以后直至清代，共有 200 多次黑子记录。

3. 彗星

最早记录为殷末（公元前 11 世纪）武王伐纣时所见的彗星，《淮南子·兵略训》："武王伐纣，……彗星出而授殷人其柄。"

从此以后直至清代，彗星记录共有 2000 余次。

关于哈雷彗星的最早记录是春秋鲁文公十四年（公元前 613 年）。自秦始皇七年（公元前 240 年）至公元 1910 年，共 29 次回归，每次都有记录。并且详细记录了数次周期彗星的回归。

4. 新星和超星

从公元前 1300 年至公元 1700 年中国记录新星或新星爆发 68 次。

关于公元 1054 年发现的超新星，《宋会要》记载："至和元年五月，晨出东方，守天关。昼见如太白，芒角四出，色赤白，凡见二十三日。"1054 年 7 月 4 日爆发的超新星在金牛座附近，一直到 1056 年 4 月 6 日才肉眼不可见。

5. 流星、流星雨和陨石

从西周至清代共 5000 余条这类关于流星和流星雨的记录，约 500 次关于陨石降落。

最早的流星雨记载在《春秋》："鲁庄公七年四月辛卯（公元前 687 年 3 月 23 日）夜，恒星不见，夜中星陨如雨。"

最早陨石降落记载在《春秋》里："僖公十有六年春正月戊申朔（公元前 645 年 12 月 24 日），陨石于宋（今河南商丘），五。"

6. 掩星

掩星大致可分为 4 种情况：月掩恒星、月掩行星、行星掩恒星和行星互掩等，其中月掩恒星最为常见，而月掩行星最为古天文学家所重视，所称掩星是指月掩行星。《中国古代天象记录总集》记载历史上的月掩行星共有 200 多次。这些记录对验证现代宇宙学的某些理论，如地球自转速度的长期变化是有意义的。

7. 星表和星图

战国时代魏国的石申和齐国的甘德各编星表，后人合称《甘石星经》。其中记载了 121 颗恒星的坐标，这是已知的我国最早的星表。

1.1.2　历法制定

据《汉书·艺文志》中记载："黄帝五家历三十三卷，颛顼历二十一卷，夏殷周鲁历十四卷。"这就是古六历。结合考古发现，4000 多年前就已经有了历法。

春秋时期的历法：一年分为十二个月；正月、二月和三月为春季；每 3 个月为一季，春夏秋冬，以此类推。规定以日月合朔的那天为初一，称为朔日；每个月最后一天（二十九日或三十日）称为晦日。因为十二个月共 354 天或 355 天，短于一个回归年（当时认为是 365.2423 天一个回归年）。为了使月份和冷暖季节大致相对应，所以每隔 2 年或 3 年就必须插入一个闰年，这被称作阴阳历。

中国古代历法的主要特点：

（1）用干支纪日、岁星纪年和干支纪年法。

从商代已实行干支纪日法。从春秋鲁隐公元年（公元前 722 年）二月己巳日起日干支从未间断。

（2）用二十四节气。

（3）非常重视朔的推算。

（4）涉及内容十分广泛。

古代中国天象观测和历法的发展是中国天文学史的一条主线。

1.1.3　宇宙观念及思想

盖天说是中国古代最早的一种宇宙学说，这一学说大约源于公元前 11 世纪的殷末周初，有"旧盖天说""与新盖天说"之分。旧盖天说认为"天圆如张盖，地方如棋局"，穹隆状的天幕盖在正方形的平直大地上。新盖天说则认为"天似盖笠，地法覆盘"，"以《周髀算经》为基本纲领性文献，提出了自成体系的定量化天地结构。"这一学说流传至今，被当作是中国古代天文学说的鼻祖。但是，它的错误是明显的，经不起推敲的，当时就有学者对其提出质疑。然而它是最早的，是历史逐步演变发展过程，故作一简单介绍。

《晋书·天文志》中记载有《周髀算经》中的观点："其言天似盖笠，地法覆盘，天地各中高外下。北极之下为天地之中，其地最高，而滂沲四环，三光隐映，以为昼夜。天中高于外衡冬至日之所在六万里。北极下地高于外衡下地亦六万里，外衡高于北极下地二万里。天地隆高相从，日去地恒八万里。"

大概意思是：天是一个穹形，地也是一个穹形，二者如同同心半球一般。两个穹球的间距是八万里。北极是天穹的最高中央，日月星辰周转不息，成为白天黑夜。日月星辰的出没，不过是距离远近使然。

约2500年前的春秋战国时期，思想家老子在其著作《老子》（也称《道德经》）中就提出了以"道"（即规律）解释宇宙万物的演变，认为"道生一，一生二，二生三，三生万物"，"道"乃"夫莫之命而常自然"，因而"人法地，地法天，天法道，道法自然"的自发的唯物主义观点。《老子》一书中还包含有大量朴素辩证法观点，如认为一切事物均具有正反两面，"反者道之动"，并能由对立而转化。"天地无人推而自行，日月无人燃而自明，星辰无人列而自序，禽兽无人造而自生，此乃自然为之也，何劳人为乎？"

老子

"天长地久。天地所以能长且久者，以其不自生，故能长生。是以圣人后其身而身先；外其身而身存。非以其无私邪？故能成其私。"

"上善若水。水善利万物而不争，处众人之所恶，故几于道。"

"居善地，心善渊，与善仁，言善信，政善治，事善能，动善时。夫唯不争，故无尤。"

"持而盈之，不如其已；揣而锐之，不可长保。金玉满堂，莫之能守；富贵而骄，自遗其咎。功遂身退，天之道也。"

"三十辐，共一毂，当其无，有车之用。埏埴以为器，当其无，有器之用。凿户牖以为室，当其无，有室之用。故有之以为利，无之以为用。"

"五色令人目盲；五音令人耳聋；五味令人口爽；驰骋畋猎，令人心发狂；难得之货，令人行妨。是以圣人为腹不为目，故去彼取此。"

"宠辱若惊，贵大患若身。"

"大道废，有仁义；智慧出，有大伪；六亲不和，有孝慈；国家昏乱，有忠臣。"

"绝圣弃智，民利百倍；绝仁弃义，民复孝慈；绝巧弃利，盗贼无有。此三者以为文，不足。故令有所属：见素抱朴，少思寡欲，绝学无忧。"

"人之所畏，不可不畏。"

"俗人昭昭，我独昏昏。俗人察察，我独闷闷。"

"曲则全，枉则直，洼则盈，敝则新，少则多，多则惑。是以圣人抱一为天下式。不自见，故明；不自是，故彰；不自伐，故有功；不自矜，故长。夫唯不争，故天下莫能与之争。"

"希言自然。故飘风不终朝，骤雨不终日。"

"企者不立；跨者不行；自见者不明；自是者不彰；自伐者无功；自矜者不长。"

"有物混成，先天地生。寂兮寥兮，独立而不改，周行而不殆，可以为天地母。吾不知其名，强字之曰道，强为之名曰大。大曰逝，逝曰远，远曰反。"

"故道大，天大，地大，人亦大。域中有四大，而人居其一焉。"

这些书中的经典名言，体现着老子远远超出那个时代的宇宙思想，至今仍能给人们以启迪、值得我们认真研究、继承。

老子，姓李名耳，字聃，华夏族，楚国苦县厉乡曲仁里（今河南省鹿邑县太清宫镇）人，大约生活于公元前571年至公元前471年之间，是我国古代伟大的哲学家、思想家，是道家学派创始人，世界百位历史名人之一。老子的著作、思想早已成为世界历史文化遗产中的宝贵财富。欧洲从19世纪初就开始了对《道德经》的研究，到20世纪的四五十年代，欧洲共有60多种《道德经》译文。在当下的德国、法国、英国、美国、日本等发达国家相继兴起了"老子热"，《老子》一书在这些国家被一版再版。20世纪80年代，据联合国教科文组织统计,在世界文化名著中,译成外国文字出版发行量最大的是《圣经》,第二位就是《道德经》。

中国古代在老子的《道德经》之前,还有一部体现最早的宇宙思想的奇书——《易经》(即《周易》)。1973年初,长沙马王堆汉墓出土了帛书《周易》,后又在阜阳双古堆汉墓出土了汉简《周易》。还发现了楚竹书《周易》。相传《周易》为周文王(公元前1152—前1056年)所作,其后有所修改。《史记·太史公自序》中说:"昔西伯(即周文王)拘羑里,演《周易》。""大抵贤圣发愤之所为作也。"在艰险困苦的条件下,发奋编写出了传世奇书《易经》。

八卦图

《童子问易》指出:《易经》持有的是生生不息的宇宙观,是本体论的生命哲学。它既讲世界观,又讲方法论。其认为世界是"有"(太极);其方法论包括辩证法和一分为二("分阴"、"分阳")。还有"复"观的方法,要求当见"天地之心"。天地之心不是所谓的"道心",而是德心;有"穷则思变、变以从道"的方法;"极深研几、见机而作"的方法;"钩深致远"的方法;物相杂、"杂而不越"的方法;"善持盈"的方法;"进德修业"等方法。从《易经》中体悟的天地、人事现象背后的隐约规则,在无穷变化中有一个不变的太极,由此而生两仪,两仪再变生四象,四象演化为八卦,极致到无穷。《周易》是一部古老而又灿烂的文化瑰宝,古人用它来预测未来、决策国家大事、反映当前现象,上测天,下测地,中测人事。然而《周易》占测只属其中的一个功能,其实《周易》囊括了天文、地理、军事、科学、文学、农学等丰富的知识内容,许多宇宙思维、理念还有待于人们去进一步挖掘、破解。

春秋战国时代另一位学者墨子则具有朴素的宇宙思想,在许多方面都很有成就。墨子(公元前468年—前376年),名翟,汉族,宋国国都(今河南商丘)人,是战国时期著名的思想家、教育家、科学家、军事家,是墨家学派的创始人及主要代表人物。

墨子认为，宇宙是一个连续的整体，个体或局部都是由这个统一的整体分出来的，都是这个统一整体的组成部分。换句话说，也就是说整体包含着个体，整体又是由个体所构成，整体与个体之间有着必然的有机联系。从这一连续的宇宙观出发，墨子进而建立了关于时空的理论。他把时间定名为"久"，把空间定名为"宇"，并给出了"久"和"宇"的定义，即"久"为包括古今旦暮的一切时间，"宇"为包括东西中南北的一切空间，时间和空间都是连续不间断的。

墨子

在给出了时空的定义之后，墨子又进一步论述了时空有限还是无限的问题。他认为，时空既是有穷的，又是无穷的。对于整体来说，时空是无穷的；而对于部分来说，时空则是有穷的。他还指出，连续的时空是由时空元所组成。他把时空元定义为"始"和"端"，"始"是时间中不可再分割的最小单位，"端"是空间中不可再分割的最小单位。这样就形成了时空是连续无穷的，这连续无穷的时空又是由最小的单元所构成，在无穷中包含着有穷，在连续中包含着不连续的时空理论。

在时空理论的基础上，墨子建立了自己的运动论。他把时间、空间和物体运动统一起来，联系在一起。他认为，在连续的、统一的宇宙中，物体的运动表现为在时间中的先后差异和在空间中的位置迁移。没有时间先后和位置远近的变化，也就无所谓运动，离开时空的单纯运动是不存在的。

对于物质的本原和属性问题，墨子也有精辟的阐述。在先秦诸子中，老子最早提出了物质的本原是"有生于无"，"天下万物生于有，有生于无"。墨子首先起来反对老子的这一思想，提出了万物始于"有"的主张。他指出，"无"有两种，一种是过去有过而如今没有了，如某种灭绝的飞禽，这不能因其已不存在而否定其曾为"有"；一种是过去就从来没有过的事物，如天塌陷的事，这是本来就不存在的"无"。本来就不存在的"无"不会生"有"，本来存在后来不存在的更不是"有"生于"无"。

由此可见，"有"是客观存在的。接着，墨子进而阐发了关于物质属性的问题。他认为，如果没有石头，就不会知道石头的坚硬和颜色，没有日和火，就不会知道热。也就是说，属性不会离开物质客体而存在，属性是物质客体的客观反映。人之所以能够感知物质的属性，是由于有物质客体的客观存在。

墨子是中国历史上第一个从理性高度对待数学问题的科学家，他给出了一系列数学概念的命题和定义，这些命题和定义都具有高度的抽象性和严密性。

墨子所给出的数学概念主要有：

关于"倍"的定义。墨子说："倍，为二也。"（《墨经上》）亦即原数加一次，或原数乘以二称为"倍"。如二尺为一尺的"倍"。关于"平"的定义。墨子说："平，同高也。"（《墨经上》）也就是同样的高度称为"平"。这与欧几里得几何学定理"平行线间的公垂线相等"意思相同。

关于"同长"的定义。墨子说："同长，以正相尽也。"（《墨经上》）也就是说两个物体的长度相互比较，正好一一对应，完全相等，称为"同长"。

关于"中"的定义。墨子说："中，同长也。"（《墨经上》）这里的"中"指物体的对称中心，也就是物体的中心为与物体表面距离都相等的点。

关于"圜"的定义。墨子说："圜，一中同长也。"（《墨经上》）这里的"圜"即为圆。墨子指出圆可用圆规画出，也可用圆规进行检验。圆规在墨子之前早已得到广泛的应用，但给予圆精确的定义，则是墨子的贡献。墨子关于圆的定义与欧几里得几何学中圆的定义完全一致。

关于正方形的定义。墨子说，四个角都为直角，四条边长度相等的四边形即为正方形，正方形可用直角曲尺"矩"来画图和检验。这与欧几里得几何学中的正方形定义也是一致的。

关于直线的定义。墨子说，三点共线即为直线。三点共线为直线的定义，在后世测量物体的高度和距离方面得到广泛的应用。三国时期的刘徽在测量学专著《海岛算经》中，就是应用三点共线来测高和测远的。汉以后弩机上的瞄准器"望山"也是据此发明的。

此外，墨子还对十进位值制进行了论述。中国早在商代就已经比较普遍地应用了十进制记数法，墨子则是对位值制概念进行总结和阐述的第一个科学家。他明确指出，在不同位数上的数码，其数值不同。例如，在相同的数位上，1 小于 5，而在不同的数位上，1 可多于 5。这是因为在同一数位上（个位、十位、百位、千位……），5 包含了 1；而当 1 处于较高的数位上时，则反过来 1 包含了 5。十进制的发明，是中国对于世界文明的一个重大贡献。正如《中国科学技术史》的数学卷中所说："商代的数字系统是比古巴比伦和古埃及同一时代的体系更为先进、更为科学的"，"如果没有这种十进位制，就几乎不可能出现我们现在这个统一化的世界了"。

墨子关于物理学的研究涉及力学、光学、声学等分支，给出了不少物理学概念的定义，并有不少重大的发现，总结出了一些重要的物理学定理。

首先，墨子给出了力的定义，说："力，刑（形）之所以奋也。"（《墨经上》）也就是说，力是使物体运动的原因，即，使物体运动的作用叫做力。对此，他举例予以说明，例如将重物由下向上举，有力的作用就能做到。同时，墨子指出物体在受力之时，也产生反作用力。例如，两个质量相当的物体碰撞后，各自就会朝相反的方向运动。如果两个物体的质量相差较大，碰撞后质量大的物体虽不会动，但反作用力还是存在。

接着，墨子又给出了"动"与"止"的定义。他认为"动"是力推送的缘故，"止"则是物体经过一定时间后运动状态的结束。墨子虽没有明确指出运动状态的结束是因为存在着阻力的缘故，但他已意识到在外力消失后，物体的运动状态是不可能永远存在下去的。

关于杠杆定理，墨子也作出了精辟的表述。他指出，称重物时秤杆之所以会平衡，原因是"本"短"标"长。用现代的科学语言来说，"本"即为阻力臂，"标"即为动力臂，写成力学公式就是"动力×动力臂"（"标"）＝阻力×阻力臂（"本"）。此外，墨子还对杠杆、斜面、重心、滚动摩擦等力学问题进行了一系列的研究，这里就不一一赘述。在光学史上，墨子是第一个进行光学实验，并对几何光学进行系统研究的科学家。如果说墨子奠定了几何光学的基础，也不为过分，至少在中国是这样。正如《中国科学技术史》中所说，墨子关于光学的研究，"比我们所知的希腊的为早"，"印度亦不能比拟"。

墨子首先探讨了光与影的关系，他细致地观察了运动物体影像的变化规律，提出了"景不徙"的命题。也就是说，运动着的物体从表观看，它的影也是随着物体在运动着，其实这是一种错觉。因为当运动着的物体位置移动后，它前一瞬间所形成的影像已经消失，其位移后所形成的影像已是新形成的，而不是原有的影像运动到新的位置。如果原有的影像不消失，那它就会永远存在于原有的位置，这实际上是不可能的。因此，所看到的影像的运动，只是新旧影像随着物体运动而连续不间断地生灭交替所形成的，并不是影像自身在运动。墨子的这一命题，后来为名家所继承，并由此提出了"飞鸟之影未尝动"的命题。

随之，墨子又探讨了物体的本影和副影的问题。他指出，光源如果不是点光源，由于从各点发射的光线产生重复照射，物体就会产生本影和副影；如果光源是点光源，则只有本影出现。

接着，墨子又进行了小孔成像的实验。他明确指出，光是直线传播的，物体通过小孔所形成的像是倒像。这是因为光线经过物体再穿过小孔时，由于光的直线传播，物体上方成像于下，物体下部成像于上，故所成的像为倒像。他还探讨了影像的大小与物体的斜正、光源的远近的关系，指出物斜或光源远则影长细，物正或光源近则影短粗。如果是反射光，则影形成于物与光源之间。

特别可贵的是，墨子对平面镜、凹面镜、凸面镜等进行了相当系统的研究，得出了几何光学的一系列基本原理。他指出，平面镜所形成的是大小相同、远近对称的像，但却左右倒换。如果是2个或多个平面镜相向而照射，则会出现重复反射，形成无数的像。凹面镜的成像是在"中"之内形成正像，距"中"远所成像大，距"中"近所成的像小，在"中"处则像与物一样大；在"中"之外，形成的是倒像，近"中"像大，远"中"像小。凸面镜只形成正像，近镜像大，远镜像小。这里的"中"为球面镜的球心，墨子虽尚未能区分球心与焦点的差别，把球心与焦点混淆在一起，但其结论与近现代球面镜成像原理还是基本相符的。

墨子还对声音的传播进行过研究，发现井和罂(小口大肚的瓶子)有放大声音的作用，并加以巧妙地利用。他曾教导学生说，在守城时，为了预防敌人挖地道攻城，每隔三十尺挖一井。置大罂于井中，罂口绷上薄牛皮，让听力好的人伏在罂上进行侦听，以监知敌方是否在挖地道，地道挖于何方，从而做好御敌的准备(原文是：令陶者为罂，容四十斗以上，……置井中，使聪耳者伏罂而听之，审知穴之所在，凿内迎之)。尽管当时墨子还不可能明白声音共振的机理，但这个防敌方法却蕴含有丰富的科学内涵。

墨子是一个精通机械制造的大家，在止楚攻宋时与公输般进行的攻防演练中，已充分地体现了他在这方面的才能和造诣。他曾花费了3年的时间，精心研制出一种能够飞行的木鸟(风筝)，成为我国古代风筝的创始人。他又是一个制造车辆的能手，可以在不到一日的时间内造出载重30石的车子。他所造的车子运行迅速又省力，且经久耐用，为当时的人们所赞赏。

值得指出的是，墨子几乎谙熟当时各种兵器、机械和工程建筑的制造技术，并有不少创造。在《墨子》一书中的"备城门"、"备水"、"备穴"、"备蛾"、"迎敌祠"、"杂守"等篇中，他详细地介绍和阐述了城门的悬门结构，城门和城内外各种防御设施的构造，弩、桔槔和各种攻守器械的制造工艺，以及水道和地道的构筑技术。他所论及的这些器械和设施，对后世的军事活动有着很大的影响。

墨子的哲学建树以认识论和逻辑学最为突出，其贡献是先秦其他诸子所无法比拟的。

墨子认为，人的知识来源可分为三个方面，即闻知、说知和亲知。他把闻知又分为传闻和亲闻两种，但不管是传闻或亲闻，在墨子看来都不应当是简单地接受，而必须消化并融会贯通，使之成为自己的知识。因此，他强调要"循所闻而得其义"，即在听闻、承受之后，加以思索、考察，以别人的知识作为基础，进而继承和发扬。

墨子所说的"说知"，包含有推论、考察的意思，指由推论而得到的知识。他特别强调"闻所不知若已知，则两知之"，即由已知的知识去推知未知的知识。如已知火是热的，推知所有的火都是热的；圆可用圆规画出，推知所有的圆都可用圆规度量。由此可见，墨子的闻知和说知不是消极简单地承受，而是蕴含着积极的进取精神。

除闻知和说知外，墨子非常重视亲知，这也是墨子与先秦其他诸子的一个重大不同之处。墨子所说的亲知，乃是自身亲历所得到的知识。他把亲知的过程分为"虑"、"接"、"明"三个步骤。"虑"是人的认识能力求知的状态，即生心动念之始，以心趣境，有所求索。但仅仅思虑却未必能得到知识，譬如张眼眤视外物，未必能认识到外物的真相。因而要"接"知，让眼、耳、鼻、舌、身等感觉器官去与外物相接触，以感知外物的外部性质和形状。而"接"知得到的仍然是很不完全的知识，它所得到的只能是事物的表观知识。有些事物，如时间，是感官所不能感受到的。因此，人由感官得到的知识还是初步的，不完全的，还必须把得到的知识加以综合、整理、分析和推论，方能达到"明"知的境界。总之，墨子把知识来源的三个方面有机地联系在一起，在认识论领域中独树一帜。

墨子又是中国逻辑学的奠基者。他称逻辑学为"辩"学，把其视之为"别同异，明是非"的思维法则。他认为，人们运用思维认识现实，作出的判断无非是"同"或"异"，"是"或"非"。为此，首先就必须建立判别同异、是非的法则，以之作为衡量、判断的标准，合者为"是"，不合者为"非"。这种判断是"不可两不可"的，人们运用思维以认识事物，对同一事物作出的判断，或为"是"，或为"非"，二者必居其一，没有第三种可能存在，不可能二者都为"是"，或二者都为"非"，也不可能既"是"又"非"，或既"非"又"是"。用现代的逻辑学名词来说，这就是排中律和矛盾律。

由这一思维法则出发，墨子进而建立了一系列的思维方法。他把思维的基础方法概括为"摹略万物之然，论求群言之比。以名举实，以辞抒意，以说出故。以类取，以类予"（"小取"）。也就是说，思维的目的是要探求客观事物间的必然联系，以及探求反映这种必然联系的形式，并用"名"（概念）、"辞"（判断）、"说"（推理）表达出来。"以类取，以类予"，相当于现代逻辑学的类比，是一种重要的推理方法。此外，墨子还总结出了假言、直言、选言、演绎、归纳等多种推理方法，从而使墨子的辩学形成一个有条不紊、系统分明的体系，在古代世界中别树一帜。墨子是中国古代逻辑思想的重要开拓者之一。墨辩和古代印度的因明学、古希腊的逻辑学并称世界三大逻辑学。他比较自觉、大量地运用了逻辑推论的方法，以建立或论证自己的政治、伦理思想。他还在中国逻辑史上第一次提出了"辩"、"类"、"故"等逻辑概念，并要求将"辩"作为一种专门知识来学习。墨子的"辩"虽然统指辩论技术，但却是建立在"知类"（事物之类）"明故"（根据、理由）基础上的，因而属于逻辑类推或论证的范畴。墨子所说的"三表"既是言谈的思想标准，也包含有推理论证的因素。墨子还善于运用类推的方法揭露论敌的自相矛盾。由于墨子的倡导和启蒙，墨家养成了重逻辑的传统，并在建立了第一个中国古代逻辑学的体系。

在墨家整个思想体系中，军事思想占有重要位置。《墨子》的军事思想是处于弱者地位的自卫学说，其主要内容有二：一是非攻，反对攻伐掠夺的不义之战；二是救守，支持防守诛讨的正义之战。

（1）非攻：反对攻伐掠夺的不义之战

墨子认为，当时进行的战争均属掠夺性非正义战争，在《非攻》诸篇中，反复申诉非攻之大义，认为战争是凶事。他说，古者万国，绝大多数在攻战中消亡殆尽，只有极少数国家幸存。这就好比医生医了上万人，仅仅有几人痊愈，这个医生不配称之为良医，战争同样不是治病良方。历史上好战而亡的统治者不可胜数。这无异于给那些企图通过攻战来开疆拓土吞并天下的人以当头棒喝。所以墨子主张，以德义服天下，以兼爱来消弭祸乱。在墨子眼里，兼爱可以止攻，可以去乱。兼爱是非攻的伦理道德基础，非攻是兼爱的必然结果。

墨子主张非攻，是特指反对当时的"大则攻小也，强则侮弱也，众则贼寡也，诈则欺愚也，贵则傲贱也，富则骄贫也"的掠夺性战争。墨子以是否兼爱为准绳，把战争严格区分为"诛"（诛无道）和"攻"（攻无罪），即正义与非正义两类。"兼爱天下之百姓"的战争，如禹攻三苗、商汤伐桀、武王伐纣，是上（符合）天之利、中鬼之利、下人之利的，因而有天命指示，有鬼神的帮助，是正义战争。

反之，大攻下、强凌弱、众暴寡，"兼恶天下之百姓"的战争，是非正义的。墨子坚决无情地揭发了当时战争给人民带来的沉重无尽的灾难。

（2）救守：支持防守诛讨的正义之战

墨子"惟非攻，是以讲求备御之法"，从"非攻"出发，《墨子》论述了作为弱小国家如何积极防御的问题。墨子深知，光讲道理，大国君主是不会放弃战争的，因而主张"深谋备御"，以积极防御制止以大攻小的侵略战争。

中国古代战争最著名的守城战术典籍是墨家的《墨子》，《墨子》十五卷，其中第十四、十五卷全篇介绍了守城的装备、战术、要点，共二十篇，存十一篇，为《备城门》、《备高临》、《备梯》、《备水》、《备突》、《备穴》、《备蛾傅（即蚁伏，指步兵强行登城）》、《迎敌祠》、《旗帜》、《号令》和《集守》。《墨子》中的守城战术极其丰富，仅存的十一篇就几乎涵盖了所有冷兵器时代的攻城术。

综上所述，可以看到墨子的科学造诣之深、成就之大，在中国古代杰出科学家的行列中堪称佼佼者。但遗憾的是，墨子在科技领域中的理性灵光，随着后来墨家的衰微，几近熄灭。后世的科学家大多注重实用，忽视理性的探索，此实为中国科技史、宇宙学上的损失。

相传还有位学者，列子，在其著作《列子·汤问》中，采用讲故事、二人问答的方式，试图以辩证的思维方式来认识宇宙万物，认识浩瀚宇宙的无限性为"无极无尽"、"无始无终"，认识四海之外的广阔和天地无极，表达了初期的宇宙观念。

摘写原文片段：

殷汤曰："然则物无先后乎？"夏革曰："物之终始，初无极已。始或为终，终或为始，恶知其纪？然自物之外，自事之先，朕所不知也。"

殷汤曰："然则上下八方有极尽乎？"革曰："不知也。"汤固问。革曰："无则无极，有则无尽，朕何以知之？然无极之外复无无极，无尽之中复无无尽。无极复无无极，无尽复无无尽。朕以是知其无极无尽也，而不知其有极有尽也。"

译成白话文：

殷汤又问："这样说，事物的产生就没有先后之分了吗？"夏革回答："事物的开始和终结，本来就没有固定的准则。开始也许就是终结，终结也许就是开始，又如何知道它们的究竟呢？但是如果说物质存在之外还有什么，事情发生之前又是怎样，我就不知道啦。"

殷汤再问："那么天地八方有极限和穷尽吗？"夏革回答："不知道。"殷汤一个劲地问。夏革才回答道："既然是空无，就没有极限，既然是有物，就没有穷尽，那么我凭什么知道呢？因为空无得没有极限之外'没有极限'也没有，有物得没有穷尽之中连'没有穷尽'也没有。没有极限又连'没有极限'也没有，没有穷尽又连'没有穷尽'也没有。于是我从这里知道空无是没有极限的，有物是没有穷尽的，而不知道它们是有极限、有穷尽的。"

1.1.4　神话传说

从古以来就有许多神话传说在民间流传，体现着普通百姓美好、善良的愿望和对骤变大自然及现状的无奈；同时，也展露出智者对神话传说的加工、整理和提升，隐含着对周围世界及宇宙的推想。像《盘古开天辟地》、《女娲补天》、《夸父追日》、《后羿射日》、《嫦娥奔月》和《牛郎织女》等，都是家喻户晓，流传至今。

《盘古开天辟地》神话传说的起源可以上溯到远古史前，是最早的关于宇宙起源的神话，同时又与人的始祖结合到一块。

在云南沧源发现的岩画群中，有一幅史前人的画像。

据专家考证，这幅岩画为2万年前原始人的作品，岩画的内容是：1个人头上发出太阳般的光芒，左手握一把石斧，右手拿一个木把，两腿直立，傲视一切。这种形象与盘古立于天地之间，用斧头劈开混沌、开天辟地的传说正相契合。至于人首所呈现的太阳形状，则是反映了原始先民对太阳神的崇拜，也是对盘古把温暖送给人间的希望祈盼。对此，我们完全有理由把它看作是盘古神话的原始因子。据此信息，盘古神话在2万年前就已经诞生。

有"活的化石"之称的原始神话，不单纯是人类童年社会先民凭原始思维创作的"口头文学"，也具有原始先民向后世传递史料信息的意义。而古石初画、初文古字则是原始神话的载体。往往，一个古代石刻、原始符号就能充分地反映出原始先民的文化思维活动，为我们揭示早期人类文化思维活动提供最直接、最可靠的素材。在我国出土的青铜器时代的一个方鼎上，有一个奇特别致的符号。它所表达的意思是什么呢？根据考古学者对甲骨文中"盘"字的正确认识和现存于中国、又在世界上多处出现的十字崇拜中"十字"的原始含义，可以认定，符号的两边是"盘"字的初文简刻，中间的空心十字图案，乃是崇拜的上神，是代表神祖的符号，这个符号应当念为"盘古"。这就像中国文字中的单纯词"尴尬"、"囹圄"等一样是不能分开使用的，只不过这个符号把"盘古"二字合而为一了。这种简朴古拙的做法倒也符合万物起始于简的道理。此符号虽见之于青铜器之上，但不可以说它就产生于铜器时代。其实，它在铜器时代之前就已经产生。由于生产力的限制，人们只能把这一神圣的符号记在心里。而进入铜器时代之后，人们才有能力把它形之于铜器。在史前社会，既然有盘古之名的记载，理应有盘古之事。盘古神话在史前社会的存在，已经是确凿的。

据古籍记载：成都玉堂石室的石刻壁画上刻有自盘古、三皇五帝以来的贤人图像。石刻壁画的创作年代，经考证分析约为公元前 8 世纪的春秋时期。由此，我们可以了解盘古在春秋时期就已经受到人们的尊崇与敬奉。其形象被刻之于壁，位列三皇五帝之前，足见其影响之深之大，任何人无可比拟。盘古神话在这一时期，于民间广泛流传，已是不争的事实！

传说在天地还没有开辟以前，宇宙就像大鸡蛋一样混沌一团。有个叫做盘古的巨人在这个"大鸡蛋"中一直酣睡了约 18 000 年后醒来，发现周围一片黑暗。盘古张开巨大的手掌向黑暗劈去，一声巨响，"大鸡蛋"碎了。千万年的混沌黑暗被搅动了，其中又轻又清的东西慢慢上升并渐渐散开，变成蓝色的天空；而那些厚重混浊的东西慢慢下降，变成了脚下的土地。盘古站在这天地之间，非常高兴。但他很怕天地再合拢起来，还变成以前的样子，于是就用手撑着青天，双脚踏着大地，让自己的身体每天长高一丈。随着他的身体增

绘画：张京

长,天每天增高一丈,地每天加厚一丈。这样又过了十万八千年,天越来越高,地越来越厚,盘古的身体长得有九万里那么长了。

盘古

盘古凭借着自己的神力,终于把天地开辟出来了。可是盘古也累死了。他临死前,嘴里呼出的气变成了四季飘动的云;声音变成了天空的雷霆;左眼变成了太阳,右眼变成了月亮;头发和胡须变成了夜空的星星;身体变成了东、西、南、北四极和雄伟的三山五岳;血液变成了江河;筋脉变成了道路;肌肉变成了农田;牙齿、骨骼和骨髓变成了地下矿藏;皮肤和汗毛变成了大地上的草木;汗水变成了雨露。传说,盘古的精灵魂魄也在他死后变成了人类。所以,都说人类是世上的万物之灵。

1.1.5 小结

中国古代宇宙、天文学刚刚起步,脱离不开稚嫩、谬误之处,但仍取得了大量的成果,影响很深远、特点很突出,令人印象深刻,在世界上占有重要位置。人们思维活跃,积极探索未知的世界;具有朴素的天人合一想法,将人本身及周围的事物与整个世界、宇宙的事物联系、融合在一起来考虑和分析;认为应该与自然和宇宙和谐相处,要顺应天意。这样睿智的宇宙思想令人惊叹。并且还重视时令季节,有较完备的天文历法,并不断完善;注重天象记录,积累留下了世界上最完整、系统的天象记载;制作了灵巧的观测仪器;创作了极富想象力的神话传说,并世代流传。

1.2 古埃及、美索不达米亚和古印度的宇宙及天文学

1.2.1 古埃及

古埃及第三王朝到第六王朝(约公元前 27 世纪—前 22 世纪)的文化最为

繁荣。古埃及对于天文学的重要贡献，都产生在这一时期。名闻世界的金字塔也是在这一时期建造的。据近代测量，最大的金字塔底座的南北方向非常准确，当时在没有罗盘的条件下，必然是用天文方法测量的。最大的金字塔位于北纬30°线南边2千米的地方，塔的北面正中有一入口，从那里走进地下宫殿的通道，和地平线恰成30°的倾角，正好对着当时的北极星。

埃及人除了知道北极附近的北极星外，从出土的棺盖上所画的星图可以确定，他们认识的星座还有天鹅、牧夫、仙后、猎户、天蝎、白羊和昴星团等。埃及人认星最大的特征是将赤道附近的星分为36组，每组可能是几颗星，也可能是一颗星。每组占据310天的时间，所以叫做"旬星"。当一组星在黎明前恰好升到地平线上时，就标志着这一旬的到来。现已发现的最早的旬星文物属于第三王朝。

合三旬为一月，合四月为一季，合三季为一年，定年长为360天，这是埃及最早的历法。三个季度的名称分别是：洪水季、冬季和夏季。冬季播种，夏季收获。

在古王国时代，一年中当天狼星清晨出现在东方地平线上的时候，尼罗河就开始泛滥。古埃及人根据对天狼偕日升和尼罗河泛滥的周期进行了长期观测，发现了两者之间的相互联系。大约在公元前18世纪时，他们把一年由360日增加为365日。这就是现在阳历的来源。但是这与实际周期每年仍约有0.25日之差。如果一年年初第一天黎明前天狼星与太阳同时从东方升起，120年后就要相差一个月，到第1461年又恢复原状，天狼星又与日偕出，埃及人把这个周期叫做天狗周，因为天狼星在埃及叫做"天狗"。直到约公元前13世纪，他们确定年长为365.25天，与地球环绕太阳一圈的时间周期相符合。

据近代研究，埃及除了这种民用的阳历外，还有一种为了宗教祭祀而杀羊告朔的阴阳历。在卡尔斯堡纸草书第九号中有这样一条记载：25埃及年＝309月＝9125日。

从这条记载就可看出：1年＝365日，1朔望月＝29.5307日，25年中有9个闰月。

埃及人将昼夜各分为 12 小时，从日出到日落为昼，从日落到日出为夜，因此一小时的长度是随着季节而不同的。为了表示这种长度不等的时间，埃及人把漏壶的形状做成截头圆锥体，在不同季节用不同高度的流水量来计算时间。

除了圭表和日晷外，埃及还有夜间用的一种特殊天文仪器，名叫麦开特。它的结构很简单：把一块中间开缝的平板沿南北方向架在一根柱子上，从板缝中可知某星过子午线的时刻，又从星与平板所成的角度知道它的地平高度。现今发现的麦开特，是约公元前 1000 年的实物，为埃及现存最古老的天文仪器。

古埃及有许多神话传说，体现出人们最初的宇宙观念，像九柱神的传说：

阿图姆（拉）神是九柱神之首，威力无比的至尊太阳神。他的象征是一轮金色的圆盘，或是一个中间带有一个点的圆圈的符号。

休是神话中的风神，九柱神之一。他是阿图姆（拉）用自己的精液或分泌物创造出来的。他与自己的妹妹泰芙努特结婚，生下了努特和盖布。他站在自己的儿子——大地之神盖布身上，双手举着女儿努特——天空之神，将他们分开。泰芙努特是雨水之神、生育之神，九柱神之一。

努特是埃及神话中的天神。相较于其他神话中常以男性形象出现的天神，努特是一位女神，她是休与泰芙努特的女儿，九柱神之一。太阳神拉每晚日落后进入她的口中，第二天早晨又从她的阴门中重生。她同时也如此吞咽和再生着星辰。

努特

努特同时也是死亡女神，大多数石棺的内壁上都绘有她的形象。法老死后会进入她的身体，不久后便会重生。在艺术作品中，努特的形象是一位被休支撑着，以星辰遮身的裸体女性；在她（天空）的对面是她的丈夫盖布（大地）。

努特与盖布结婚，生下了奥西里斯、伊西斯、赛特和奈芙蒂斯。

盖布（又称作"塞布"或"凯布"）是古埃及的大地之神与生育之神，休与泰芙努特的儿子，九柱神之一。古埃及的这一信仰与世界的其他地区有所不同。在其他的神话中，大地之神往往表现为女神。盖布的形象为鹅头人身，身体呈绿色或黑色。盖布关押着邪恶的人的灵魂，使他们无法进入天堂。

奥西里斯（也作乌西里斯）是埃及神话中的冥王，九柱神之一，是古埃及最重要的神祇之一。他是一位反复重生的神。最终被埋在阿比多斯城，是那里的守护神。

奥西里斯

盖布

伊西斯（希腊语，在埃及语中叫做"阿赛特"）是古埃及的母性与生育之神，九柱神之一。她也是一位反复重生的神。

赛特在埃及神话中最初是力量之神、战神、风暴之神、沙漠之神以及外陆之神。他保护沙漠中的商队，但同时又发起沙暴袭击他们。是九柱神之一。他的形象与亚什神（撒哈拉沙漠之神）紧密结合。

奈芙蒂斯在埃及神话中是死者的守护神，同时也是生育之神。她是九柱神之一。

"奈芙蒂斯"也是对一个家庭中最年长妇女的称呼。在埃及艺术作品中，她的头发看上去与裹尸布相似。她被描绘成头顶一只篮子或一座小房屋，有时是生有双翅的女性，

奈芙蒂斯

而有时则是风筝、猎鹰、隼或其他鸟类。她常与自己的姐妹伊西斯一同出现在艺术作品中。

1.2.2 美索不达米亚

美索不达米亚是指位于今伊拉克境内的底格里斯河和幼发拉底河流域。是人类古代文明的发源地之一。

这里以数学和天文学的成就为最大。据说在公元前 30 世纪后期就已经有了历法。当时的月名各地不同。在现在发现的泥板上，有公元前 1100 年亚述人采用的古巴比伦（约公元前 19 世纪—前 16 世纪）历的 12 个月的月名。因为当时的年是从春分开始，所以古巴比伦历的一月相当于现在的三月到四月。一年有 12 个月，大小月相间，大月 30 日，小月 29 日，一共 354 天。为了把岁首固定在春分，需要用置闰的办法，补足 12 个月和回归年之间的差额。公元前 6 世纪以前，置闰无一定的规律，而是由国王根据情况随时宣布。著名的立法家汉谟拉比曾宣布过一次闰六月。自大流士一世（公元前 522—前 486 年在位）后，才有固定的置闰周期，先是 8 年 3 闰，后是 27 年 10 闰，最后于公元前 383 年由西丹努斯定为 19 年 7 闰制。

古巴比伦的创世神话传说反映出远古时期人们的初始宇宙观念。

关于神话来源：

著名史诗《埃努玛·埃立什》（又称《咏世界创造》）主要汇集了苏美尔民族的创世思想，着重歌颂地神埃阿之子、主神玛尔都克的事迹。这首诗约 1000 行，成书于公元前 15、14 世纪，后经学者从七块泥板中考据整理出来，故又称"七块创世泥板"，它是历史上最早关于创世神话的题材之一。

《埃努玛·埃立什》：

相传太古之初，世界一片混沌，没有天，没有地，只有汪洋一片海。海中有一股咸水，叫做"提亚玛特"；还有一股甜水，叫做"阿普苏"。它们分别代表阴阳两性，在汪洋中不断交汇，生出几个神祇。在生到安沙尔和基沙尔时，他们又生出天神安努和地神埃阿，于是宇宙出现了最初的几代神灵。随着神灵逐渐增多，众神发生争端，提亚玛特和阿普苏日益感到自己的势力在缩小，于是他们决定惩治众神。可是阿普苏并不满意提亚玛特的计划，决心将众神赶尽杀绝。当众神得知这一秘密消息后，便在埃阿神带领下，杀了阿普苏，埃阿神也因此成了众神之首。不久，埃阿神喜得贵子玛尔都克。他生来便与众不同，浓眉大眼、身强力壮，埃阿神又赋予他一切智慧和力量。后来阿普苏的儿子为报父仇，开始向天地神挑战，提亚玛特也前去助阵。天神与之交锋初战告负，决定让玛尔都克一展威风。玛尔都克欣然应允，并做了众神的统治者。他不负众望、英勇作战，一举歼灭来犯者，并亲手切断提亚玛特的腰身，用她的上身筑成苍穹，用她的下半身造出大地。而后他又杀死了提亚玛特的一个辅助神，用他的血造出了人类，并规定人的天职便是侍奉众神。这样玛尔都克终于建立起巴比伦王国，他则成为天国之主、众神之王。

神话的内涵：

这个神话故事是巴比伦文学中较有代表性的作品，它不仅表现了巴比伦人对创世、人类起源问题的关心、对自然的崇拜，也反映了两河流域国家政治的统一，宗教由多神教向一神教的转变，还表明巴比伦社会从母权制向父权制的过渡，体现了原始社会向奴隶制转变的历史进程。在诗中，提亚玛特代表了阴性世界，她不满众神的强大，欲惩治诸神；代表阳性世界的埃阿神不畏先辈的威力，先斩后奏，夺取王位。埃阿之子玛尔都克继承父业，成为阳性世界的首领。他勇猛顽强、不屈不挠，经过殊死搏斗，终于战胜神母提亚玛特，体现了阳性的刚强和伟大。这个故事与古希腊神话中地母盖亚和众神之主宙斯的故事有些相似，它表现了历史在不断向前迈进的过程，反映了巴比伦王国在两河流域不断统一强大的现实，以及中央集权的政治体制和王权神授的宗教观念。

1.2.3 古印度

印度是世界文明古国之一。印度的天文学起源很早，由于农业生产的需要，印度很早就创立了自己的阴阳历，例如在《梨俱吠陀》中就有关于十三月的记载。

　　印度上古文献全无年代的记载，要确切地断代是困难的。因此学者们往往借助于天象资料研究历史年代。有些人将吠陀定在公元前 25 年左右，将梵书定在公元前 12 世纪，将《吠陀支节录——天文篇》定在梵书之后。但也有人把它们推迟到公元前 5 世纪前后。

　　《鹧鸪氏梵书》将一年分为春、热、雨、秋、寒、冬六季；还有一种分法是将一年分为冬、夏、雨三季。《爱达罗氏梵书》记载，一年为 360 日、12 个月，一个月为 30 日。但实际上，月亮运行一周不足 30 日，所以有的月份实际不足 30 日，印度人称之为"消失一个日期"。大约一年要消失 5 个日期，但习惯上仍称一年 360 日。印度古代还有其他多种历日制度，彼此很不一致。在印度历法中还有望终月和朔终月的区别，望终月是从月圆到下一次月圆为一个月；朔终月以日月合朔到下一个合朔为一个月。两种历法并存，但前者更为流行。

　　印度月份的名称以月圆时所在的星宿来命名。对于年的长度则用观察恒星的偕日出来决定。《吠陀支节录——天文篇》已发明用谐调周期来调整年、月、日的关系。一个周期为 5 年、1830 日、62 个朔望月，一个周期内置 2 个闰月。1 个朔望月为 29.516 日，1 年为 366 日。公元 1 世纪以前大约一直使用这种粗疏的历法。

　　为了研究太阳、月亮的运动，印度有 27 宿的划分方法。它是将黄道分成 27 等分，称为"纳沙特拉"，意为"月站"。27 宿的全部名称最早出现在《鹧鸪氏梵书》。当时以昴宿为第一宿。在史诗《摩诃婆罗多》里则以牛郎星为第一宿，后来又改以白羊座 β 星为第一宿。这个体系一直沿用到后近代。印度 27 宿的划分方法是等分的，但各宿的起点并不正好有较亮的星，于是他们就选择该宿范围内最高的一颗星作为联络星，每个宿都以联络星的星名命名。印度也有 28 宿的划分方法，增加的一宿位于人马座和天鹰座间，名为"阿皮季德"，梵文意为"麦粒"宿。

　　印度天文学在历法计算和宇宙理论上自具特色。令我们惊讶的是，这种科学在古印度是如此先进，古印度天文学家已经记录了星辰的变化，与今天的太空无异。太阳是宇宙（太阳系）的中心，地球的周长是 5000 瑜伽那斯。1 瑜伽那斯等于 7.2 千米，古代印度估计已经接近真实。但他们不重视对天体的实际观测，因而忽视了天文仪器的使用和制造，在一个很长的时期内仅有平板日晷和圭表等简单仪器。

古印度的神话传说同样反映出人们初始的宇宙观念。创造神梵天在吠陀神话中的身份是祈祷神，而在印度教神话中的正式名字是"梵天"，并且直接和宇宙最高意志"梵"联系起来。一般认为宇宙中的一切都来自于梵天，而毁灭时又重新归于梵天。梵天就是宇宙最高意志的人格化体现，在印度教神话中被认为是宇宙的创造者，也被称为"世界之主"。但是实际上，梵天受到的崇拜远不及其他两位大神。鉴于世界已经为梵天所创造，人们的注意力自然更多地转移到了毗湿奴和湿婆，亦即维护和毁灭两种力量对于世界权力的争夺上。另外梵天也因为一些所作所为，导致其声誉的降低和信徒的减少——这和《世界·印度篇》的故事主线有直接关系。在整个印度，毗湿奴和湿婆的神庙遍布各地，而专门供奉梵天的神庙却只有一座，那就是普什卡的梵天庙。神话中的梵天为红肤色，四首、四臂，坐骑为天鹅。他在被吸收进入佛教成为护法神后，被称为"大梵天"。

关于梵天的神话传说：

宇宙刚开始的时候，一无所有。首先生产出来的是浩浩荡荡、一望无际的水。水之后，火生成了。在熊熊大火的热力作用下，水中冒出了一个金黄色的蛋。这个蛋在水中漂流了几万年，终于有一天，蛋壳破裂，从中诞生了宇宙万物的始祖——梵天。梵天将蛋壳一分为二，上半部分成了苍天，下半部分成了大地。然后创世之神又在水中开辟了陆地，确定了东南西北的方向，奠定了年月日时的概念。这样宇宙正式形成了。

宇宙形成了，可梵天却发现整个世界除了自己以外，再也没有其他生物，未免感到孤独、寂寞。他心想：我为什么不可以生出后代呢？于是，他马上生出 6 个儿子，也就是 6 位伟大的造物主：老大摩里质，生自梵天的心灵；老二阿底利,出自梵天的眼睛;老三安吉罗,出自梵天的嘴巴;老四布罗斯帝耶,出自梵天的右耳;老五布罗诃,出自梵天的左耳;老六克罗图,出自梵天的鼻孔。老大摩里质生了儿子,即著名的仙人加叶波,他创造出了天神、妖魔、人类、禽兽以及其他生物。老二阿底利也生出了自己的儿子达摩,达摩是正义之神。三儿子安吉罗是安吉罗仙人家族的鼻祖,祭主等大仙就是这个族系中的长者。后来,梵天又用右脚大拇指生出了第七个儿子达刹,左脚趾生出一个女儿毗丽妮,意即夜晚。达刹与毗丽妮后来结为夫妻,一口气生了约 50 个女儿。其中 11 个嫁给了加叶波,27 个嫁给了月神苏摩,这 27 个即天上的 27 个星座,还有 10 个嫁给了达摩。

达刹的大女儿叫做"蒂提",是仙人加叶波之妻,也是巨妖底提耶族的母亲。二女儿擅奴,是巨妖擅那婆族的母亲。三女儿阿底提生了 12 个威武无敌的儿子,他们都是伟大的天神,像海神婆楼那、雷神因陀罗、太阳神苏里耶,而小儿子毗湿奴更是声名赫赫。

蒂提和擅奴的儿子一般称作"阿修罗",而阿底提的儿子称为"天神"。阿修罗与天神之间经常为争夺对宇宙的控制权而发生战争。他们是势不两立的仇敌。

1.2.4 小结

在远古时代,古埃及、古巴比伦和古印度都曾经创造出辉煌的文明,在宇宙及天文领域非常突出。天象观测及记载、完备的历法、想象丰富的创世神话传说和无所拘束的诗篇,都令人赞叹,给后人留下了珍贵的历史遗存。但是,随着岁月的流逝,这三大古文明却失落了,留下许多难解的谜团,至今仍有不少学者在那里探求。巨大的天灾、凶残的瘟疫、外族的入侵,这些会不会是他们失落的原因呢? 不过我们总是认为,自身的内部因素估计是最主要的,值得深思。

1.3　古希腊、罗马的宇宙及天文学

1.3.1　创世神话与传说

古代西方，在爱琴海区域和小亚细亚半岛西部的海岸地带，由于生产的发展，使得移民增加、城邦形成，孕育了古希腊时期的文明。在公元前9世纪，希腊诗人荷马的著名诗篇《伊利亚特》和《奥德赛》中就记载着在此之前的丰富的神话与传说。

公元前8世纪希腊诗人希肖特的《神谱》一诗写就了天上诸神的谱系，并保留了远古时代的希腊关于宇宙创生的传说。诗中有一段讲述了天地形成的过程。大意是说，在不知年代的远古，一张张开的大嘴首先出现，这就是混沌初辟。接下来出现的是胸腔宽阔的大地。第三个出现的是爱神爱罗丝。从这张大嘴里生出了阴间和黑夜，它们由爱而结合，黑夜怀胎后产生出明亮的天空和白昼，大地则诞生出有星星的天穹。天穹笼罩着大地，使大地永不动摇。大地又生出高山和大海，山上居住着喜爱山林的半神半人的天神们。

这段有关宇宙创生的神话，包含着神人同形同性这一希腊神话的最大特点。古代人们认为地上生物的滋生繁衍、人在社会中的相互关系等，都可以类推到天上。史前社会里有各氏族共同推举的具有权力的领袖，天上就相应会有主宰的神。希腊神话里就有住在奥林匹斯山上的一位主神宙斯和其他神，他们具有无比的威力。地上有战争，希腊神话里同样有关于宙斯和泰坦神族的激烈战事。这些就是宇宙创生神话的由来，也是宇宙演化观念的原始阶段。由于远古社会生产力低下，人对外部自然和自身的认识能力受到很大限制，只能在其所处时代的条件下进行认识。而且，这些条件达到何种程度，人们便认识到何种程度。

神话在宇宙理论的发展过程中起到了启蒙作用，有积极意义。但当神话被僧侣们利用后就变成了反动的宗教神学，它就只能起着阻碍科学理论发展

的有害作用了。后来，在中世纪的欧洲，由于宗教神学势力统治了那时的思想领域，唯物论及辩证法学派宇宙理论和观念的发展受到很大压制。

随着生产力的发展、社会的变革、科学技术的进步、思想的革新，人类顺应自然、认识宇宙的能力日益增强，新的、更高级的神话幻想又会不断产生出来。这是一个永无止境的过程。

1.3.2 关于宇宙的理论

对于宇宙本源的认识，古希腊、罗马的学者进行了卓有成效的探索，形成了早期的理论。

泰勒斯是公元前 7—前 6 世纪的古希腊时期的思想家、科学家、哲学家，是希腊最早的哲学学派——米利都学派（也称"爱奥尼亚学派"）的创始人。他是古希腊七贤之首，西方思想史上第一个有名字留下来的哲学家，是"科学和哲学之祖"。

泰勒斯出生于希腊繁荣的港口城市米利都，曾游历埃及，跟当地祭师学习；曾利用日影来测量金字塔的高度，准确地预测了一次日食；数学上的泰勒斯定理以他命名；他对天文学亦有研究，确认了小熊座，指出其有助于航海事业；同时，他是首个将一年的长度修订为 365 日的希腊人，他规定一个月为30 天；他还第一个测定了太阳从冬至到夏至的运行，并曾估计了太阳及月球的大小。

泰勒斯试图借助经验观察和理性思维来解释世界，是古希腊第一个提出"什么是万物本原"这个哲学问题的人。泰勒斯首创理性主义精神、唯物主义传统和普遍性原则，是理性主义的开端，被称为"哲学史上第一人"。他是个多神论者，认为世间充斥神灵。泰勒斯对希腊哲学产生过重要的影响。

泰勒斯认为"水为万物之源，……一切事物皆营养于润湿，而水为润湿之源。"他第一个提出物质世界的永恒性和统一性；他还是第一个撰写谈论自然的论文的人；据传泰勒斯之前几何学命题都是不加证明而自明的，泰勒斯则证明圆的直径把圆分成的两个面积是相等的，等腰三角形的两个底角是相等的。他是把逻辑推理法引入数学的先驱者。

泰勒斯的继承者们提出宇宙万物的始基是无限，认为"无限变换其部分，而全体则常住不变"。"对立物蕴藏在基质之内，基质是一个无限体，从这个无限体中分离出对立物"，"对立物就是热和冷、湿和干等"。也有的学者提出空气在水之先，是一切物体最单纯的基质。由于基质的稀薄、浓厚不同而形成不同的实体，如火、风、云、水、土和石头等。他们认为"永恒的运动使这些变化发生"；"太阳里有火，星辰具有火的性质，有些也包含具有土的性质的物体，这些物体都为同一运动所牵引着"。

还有的学者提出一个唯一、能动、有限的始基叫做火，火是实体，一切都是火的转换。世界包括一切整体，它不是由任何神或任何人所创造的，它过去、现在和将来都是按规律燃烧着，按规律熄灭着的活火。"一切皆流，物无长住。濯足长流，举足入水，已非前水"。有的提出物质的第一性要素是无限的质的多样性，这些要素以各种不同方式结合成一切存在物。"万物皆如水火，各由相似'微分'所组成，故生灭只是许多微分之聚散，而各个微分则永恒存在"。组成万物的"微分"有聚有散，这个概念可称为原子论的先声。他们对天体的性质也提出推测：太阳是一团燃烧的物质；月亮的光借自太阳，月亮上面有山有水，有人居住；彗星是由发出火焰的游星聚集在一起，等等。这些观点各有区别，但都体现出一种原始、自发的唯物论和朴素的辩证法。它在萌芽时期就十分自然地把自然现象的无限多样性的统一看作是不言而喻的，并且在某种具有固定形体的东西中、某种特殊的东西中去寻找这个统一。

稍后，古希腊出现了原子论学派。大约在公元前 5 世纪留基伯和他的学生德谟克里特创立了古典原子论。他们认为"充满"和"空虚"是宇宙中最基本的元素，把充实的和坚固的东西称为"原子"。他们认为虚空中被许多物体充满着，当这许多物体进入虚空中并相互混合，就形成了世界。换言之，世界是由原子形成的。他们进一步推测了原子形成世界的过程："它们聚集在一起，形成一个旋涡，由于旋涡运动，它们彼此冲撞，并按照各个方向转动，这样就相互分开，而相似的物体则结合起来。"留基伯第一个用朴素的唯物主义思想粗略地说出了宇宙形成的动力学过程。德谟克里特也认为"原子在整个宇宙中通过一种旋涡运动而运动着，并因此而形成一些复合物：火、水、气、土"。

原子学派还讨论了原子的大小和形状。留基伯推测原子像微粒，"这些微粒，因为太小，所以是看不见的"。德谟克里特则认为原子在大小和数量上都是无限的，还认为"太阳和月亮是由同样的原子构成。这些原子是光滑和圆的"。虽然他们在原子的细节上有所区别，但是都认为原子是坚硬而不可分的，是物质世界的始基。物质世界的始基概念发展到此时，有了原子的名称，还进一步讨论到它的形状、大小和动力学性质。另外，还有学者认为一切物质的多样性要归结为四种元素，即火、气、水、土。这个关于自然界的四种元素的学说，许多世纪以来一直保存在古希腊、罗马和中世纪哲学中。

综上所述，这些古希腊学者对宇宙有一个共同的认识，即宇宙以物质为基础——始基，包括"无限"说的始基。宇宙间化生万物的，不是别的，正是在空间上无限、时间上无穷、自身也是无限的东西。在对宇宙本源的认识上，从一开头就以物质来解释世界；并进一步试图解决单一物质和自然界中具体对象的相互关系，使他们朴素的唯物论和辩证法得到发展。这样做，有利于人们分析自然现象、探求自然规律。

对世界的物质性的认识必然会导致否认超自然的东西存在，导致世界不是神所创造，宇宙不是神所治理的无神论断。具有自由意志的神在古希腊唯物论与辩证法学者的宇宙论中，是没有其地位的。尽管也有世界充满着神灵之说，如"神就是永恒的流转的火"等说法。但是，他们所说的神灵或灵魂是和有意志、能造人祸福的神并不相同的。这些所谓的神或灵魂，实质上是在隐晦地指示自然界具有自己的规律性。灵魂是原子的某种集合，这"是天才的猜测，是为科学而不是为僧侣主义指示途径的路标"。

然而，也有一些学者持不同的观点。大约在公元前 6 世纪，意大利南部出现一个埃利亚学派，他们"假定了一个唯一的始基，把整个存在看成是唯一的东西，认为它既不是无限的，也不是有限的；既不是运动的，也不是静止的。……唯一的宇宙是神"。他们否认感性经验对认识的意义，后来成为唯心论的本源之一。但他们中有人正确地指出化石乃是地球上经历周期性洪水泛滥的明证，这是值得一提的。

毕达哥拉斯

还有一个毕达哥拉斯学派。其创始人毕达哥拉斯（约公元前582—前500年）原为爱奥尼亚的学者之一，在埃及等古国游历之后，移居到意大利南部，逐步形成毕达哥拉斯学派，在古希腊、罗马有过巨大影响。他第一个把"数"的哲学概念引入到宇宙本源中去，认为宇宙万物的始基是"一元"，"一元"产生出"二元"。一元是原因，二元是从属于一元的不定质料，从完满的一元与不定的二元中产生出各种数来。从数产生点，从点产生线，从线产生平面，从平面产生立体，从立体产生出感觉所及的一切物体，产生出四种元素：水、火、土、空气。这四种元素以各种不同的方式互相转化，于是创造出有生命和精神的球形世界。他从宇宙和谐原理出发，认为一切立体图形中最美好的是球形，一切平面图形中最美好的是圆形。而整个宇宙是一个和谐体系，行星运动轨道为圆形，地球形状是球形的。但是，他把抽象概念的数看作是宇宙万物，包括生命在内的始基，数为万物之源。一切物体都是从数里产生出来的。这就是谬误、违背实际，是唯心的了。毕达哥拉斯学派明白地承认数的基本元素是一切存在的基本元素。因为10是一个完整的数目，所以认为天体的数目也应是10个，不能多也不能少。而当时人们自认为看到9个天体：水星、金星、火星、木星、土星、太阳、月亮、地球和银河，于是他们就编造出第10个天体，即所谓"对地"，更进一步把数推向神秘莫测的境界。他们认为数的某一种特性是正义，另一种特性是灵魂和理性，还有一种特性是机会，一切无不如此。毕达哥拉斯本人还是灵魂轮回说的创始者。他认为太阳、月亮和其他星体都是神灵之物，人类和神灵是亲戚，语言就是灵魂的嘘气，等等。

毕达哥拉斯及其学派把数引入天文学，对天文学的发展做出过贡献，认为宇宙星球及地球是球形的，这是很有见地的，是应该肯定的。但他们认为万物皆数，以为数先于物质而存在，实质上把数绝对化、神秘化了。在这个基础上，以数来论证天体，就得到天体必须凑足 10 个数目的谬说，这就走向神秘主义了。数是从感性东西中抽象出来的，这是应当肯定的一面，但"一切抽象在推到极端时都变成荒谬，走向自己的反面"。

苏格拉底　　　　　　　　　　柏拉图　　　　　　　　　亚里士多德

　　柏拉图学派的创始人柏拉图（约公元前 427—前 347 年）是著名的古希腊哲学家，他写下了许多哲学的对话录，并且在雅典创办了著名的学院。这所学院成为西方文明中最早的有完整组织的高等学府之一，后世的高等学术机构也因此而得名。柏拉图是苏格拉底的学生，也是亚里士多德的老师，他们三人被广泛认为是西方哲学的奠基者，在宇宙及天文学领域也提出了相应的理论。

　　柏拉图企图使天文学成为数学的一部分。他认为："天文学和几何学一样，可以靠提出问题和解决问题来研究，而不去管天上的星界。"柏拉图认为宇宙初始是没有区别的一片混沌。这片混沌的开辟是一个超自然的神，其活动的结果。依照柏拉图的说法，宇宙由混沌变得秩序井然，其最重要的特征就是造物主为世界制定了一个理性方案。关于这个方案付诸实施的机械过程，则是一种想当然的自然事件。

　　柏拉图的宇宙观基本上是一种数学的宇宙观。他设想宇宙初始有两种直角三角形，一种是正方形的一半，另一种是等边三角形的一半。从这些三角形就合理地产生出四种正多面体，这就组成四种元素的微粒。火微粒是正四面体，气微粒是正八面体，水微粒是正二十面体，土微粒是立方体。第五种正多面体是由正五边形形成的正十二面体，这是组成天上物质的第五种元素，叫做以太。整个宇宙是一个圆球，因为圆球是对称和完善的，球面上的任何一点都是一样。宇宙也是活的、运动的，有一个灵魂充溢全部空间。宇宙的运动是一种环行运动，因为圆周运动是最完善的，不需要手或脚来推动。四大元素中每一种元素在宇宙内的数量是这样的：火对气的比例等于气对水的比例，和水对土的比例。万物都可以用一个数目来定名，这个数目就是表现它们所含元素的比例。在柏拉图的著作《蒂迈欧》和《理想国》中，有不少关于以地球为中心的同心球壳的宇宙结构模型的具体记载。地球在同心球壳的中心保持不动，地球的周围被水包围着，厚度约两倍于地球半径；水之外是空气，厚度约为地球半径的 5 倍；更外一层是火，厚度为地球半径的 10 倍，在这层的顶部固定着人们所见天空的万千颗星星。从地球中心到那里的距离总共 18 倍于地球半径。7 个行星则在空气层与恒星圈运行着。从位于中心的地球起，次序为月亮、太阳、水星、金星、火星、木星和土星。柏拉图还设计了一个正多面体的宇宙结构模型，称为柏拉图图形。他试图以不同的正多面体把内外两层的同心球壳联系起来。每两个相邻的球壳之间包含一个正多面体，它的角和外球壳的内壁相接触，这个正多面体的面则和内球壳外壁相切。不同面数的正多面体把这些同心球壳联系在一起。柏拉图把正多面体的面数和同心球壳的半径作了神秘主义的解释。即便有些神秘色彩，但这个宇宙结构模型毕竟启发了研究宇宙结构的后继者。

柏拉图是西方客观唯心主义的创始人，认为任何一种哲学要能具有普遍性，必须包括一个关于自然和宇宙的学说在内。柏拉图试图掌握有关个人和大自然永恒不变的真理，因此发展一种适合并从属于他的政治见解和神学见解的自然哲学。

柏拉图认为，自然界中有形的东西是流动的，但是构成这些有形物质的"形式"或"理念"却是永恒不变的。柏拉图指出，当我们说到"马"时，我们没有指任何一匹马，而是称任何一种马。而"马"的含义本身独立于各种马（"有形的"），它不存在于空间和时间中，因此是永恒的。但是某一匹特定、有形、存在于感官世界的马，却是"流动"的，会死亡和腐烂。这可以作为柏拉图的"理念论"的一个初步解说。

柏拉图认为，我们对那些变换、流动的事物不可能有真正的认识，我们对它们只能有意见或看法。我们唯一能够真正了解的，只有那些能够运用理智来了解的"形式"或者"理念"。因此柏拉图认为，知识是固定的、肯定的，不可能有错误的知识。但是意见是有可能错误的。

柏拉图在其著作中对许多领域都提出了自己的主张，特别著名的有《理想国》、"柏拉图式爱情观"等。

在柏拉图的《理想国》中，有一个著名的洞穴比喻来解释理念论：有一群囚犯在一个洞穴中，他们手脚都被捆绑，身体也无法转身，只能背对着洞口。他们面前有一堵白墙，身后则燃烧着一堆火。在那面白墙上，他们看到了自己以及身后到火堆之间的事物的影子，由于他们看不到任何其他东西，所以以为影子就是真实的东西。最后，一个人挣脱了枷锁，并且摸索出了洞口。他第一次看到了真实的事物，于是他返回洞穴并试图向其他人解释，那些影子其实只是虚幻的事物，并为他们指明了光明的道路。但是对于那些囚犯来说，那个人似乎比他逃出去之前更加愚蠢，并向他宣称，除了墙上的影子之外，世界上没有其他东西了。

柏拉图利用这个故事来告诉我们，"形式"其实就是那些阳光照耀下的实物，而我们的感官世界所能感受到的不过是那白墙上的影子而已。我们的大自然比起鲜明的理性世界来说，是黑暗而单调的。不懂哲学的人能看到的只是那些影子，而哲学家则在真理的阳光下看到外部事物。但是另一方面，柏拉图把太阳比作正义和真理，强调我们所看见的阳光只是太阳的"形式"，而不是实质；正如真正的哲学道理、正义一样，是只可见其外在表现，而其实质是不可言说的。

柏拉图的《理想国》还向我们描绘出了一幅理想的乌托邦的画面，设计了一幅正义之邦的图景：国家规模适中，以站在城中高处能将全国尽收眼底，国人可以彼此面识。柏拉图认为国家起源于劳动分工，因而他将理想国中的公民分为治国者、武士、劳动者三个等级，分别代表智慧、勇敢和欲望三种品性。治国者依靠自己的哲学智慧和道德力量统治国家；武士们辅助治国，用忠诚和勇敢保卫国家的安全；劳动者则为全国提供物质生活资料。三个等级各司其职，各安其位。在这样的国家中，治国者均是德高望重的哲学家，只有哲学家才能认识理念，具有完美的德行和高超的智慧，明了正义之所在，按理性的指引去公正地治理国家。治国者是少部分管理国家的精英。他们可以被继承，但是其他阶级的优秀儿童也可以被培养成治国者，而治国者中的后代也有可能被降到普通人民的阶级。治国者的任务是监督法典的制定和执行情况。为达到该目的柏拉图有一整套完整的理论。他的理想国要求每一个人在社会上都有其特殊功能，以满足社会的整体需要。但是在这个国家中，女人和男人有着同样的权利，存在着完全的性平等。政府可以在为了公众利益时撒谎。每一个人应该去做自己分内的事而不应该打扰到别人。在《理想国》中，治国者和武士没有私产和家庭，因为私产和家庭是一切私心邪念的根源。劳动者也绝不允许拥有奢华的物品。理想国还很重视教育，因为国民素质与品德的优劣决定国家的好坏。在今天看来，柏拉图描绘的理想国是一个可怕的极权主义国家。但是"理想国其实是用正确的方式管理国家的科学家的观点"。

柏拉图才思敏捷、研究广泛、著述颇丰。以他的名义流传下来的著作有40多篇，另有13封书信。柏拉图的主要哲学思想都是通过对话的形式记载下来的。在柏拉图的对话中，有很多是以苏格拉底之名进行的谈话，因此人们很难区分哪些是苏格拉底的思想，哪些是柏拉图的思想。经过后世一代代学者艰苦细致的考证，其中有24篇和4封书信被确定为真品。它以理念论为中心，包括宇宙论方面的宇宙生成说、认识论方面的回忆说、伦理观与社会政治观方面的四主德与理想国的学说、美学方面的"摹本"说、探求理念体系的概念辩证法以及教育学说等。它是欧洲哲学史上第一个庞大的客观唯心主义体系，对后世西方哲学的影响极大。

苏格拉底的审判和死刑对柏拉图造成极大的震撼，更让他感到失望和恶心。苏格拉底的审判是一系列对话录中最为着重、也最为一致的事件。柏拉图在许多对话录都曾明确或间接地提起这场审判，或提起这场审判的情节和角色。在《泰阿泰德篇》和《伊壁鸠鲁篇》中苏格拉底告诉大家他必须面临一场不公平的审判。而在《美诺篇》里，阿尼图斯则警告苏格拉底应该避免批评当时的重要人物，以免使自身惹上麻烦，阿尼图斯在《申辩篇》里也是那些联合起诉苏格拉底的人之一。《申辩篇》是苏格拉底的辩护演说，《克力同篇》和《斐多篇》则是在审判定罪后于监狱内的对话。

亚里士多德从 18 岁到 38 岁——在雅典跟柏拉图学习哲学的 20 年，这一时期的学习和生活对他一生产生了决定性的影响。苏格拉底是柏拉图的老师，亚里士多德又受教于柏拉图。在雅典的柏拉图学院中，亚里士多德表现得很出色。

亚里士多德在哲学上最大的贡献在于创立了形式逻辑这一重要的分支学科。逻辑思维是亚里士多德在众多领域建树卓越的支柱，这种思维方式自始至终贯穿于他的研究、统计和思考之中。他在研究方法上，习惯于对过去和同时代的理论持批判态度，提出并探讨理论上的盲点，使用演绎法推理，用三段论的形式论证。他留下了"吾爱吾师，吾更爱真理"的名言。

在宇宙及天文学领域，亚里士多德认为运行的天体是物质的实体；地球是球形的，是宇宙的中心；地球和天体由不同的物质组成，地球上的物质是由水、气、火、土 4 种元素组成，天体由第 5 种元素"以太"构成。

亚里士多德是现实主义的鼻祖。不同于他的老师柏拉图以自己假定的理想国衡量现实，他主张从现实的国家出发，防止国家堕落和促进国家发展。他对人性和理性持怀疑态度，主张法治，而法律的来源也不是人的理性或者学者的思考，而是来自于历史和传统中为人们所遵循和认知的东西，也就是历史的理性。他对变法和改革持一种十分谨慎的态度。亚里士多德显示了希腊科学的一个转折点。在他以前，科学家和哲学家都力求提出一个完整的世界体系来解释自然现象，他是最后一个提出完整世界体系的人。在他以后，许多科学家放弃提出完整体系的企图，转入研究具体问题。

古希腊雅典学派

1.3.3　天象观测和天文历法

关于可以辨别的恒星和星座的记载，早在现存最早的古希腊文学作品——荷马和赫西俄德的作品中就出现了。在《伊利亚特》和《奥德赛》中，荷马提到了这些天体：牧夫座、毕星团、猎户座、昴星团、天狼星、大犬座。

活跃于公元前7世纪的赫西俄德则在《工作和时日》中提及了大角星。它们传达了一种原始的宇宙学——平坦的大地被一条大洋河所包围。一些恒星会升起和落下（从古希腊人的观点来看，落下即是消失在海洋中）；而其他恒星则是不落的。根据一年中时候的不同，有些恒星会在日出或日落的时候升起或落下。

水星、金星、火星、木星、土星这5颗行星可以裸眼观察到；有时候太阳和月亮也被归类成裸眼行星。由于行星在接近太阳时时常会被太阳的光芒掩盖，要识别出全部5颗行星需要进行仔细的观察。金星就是这样一个例子。早期的古希腊人认为在傍晚和清晨出现的金星分别是两个不同的天体，直到毕达哥拉斯发现它们其实是同一个行星。那时已有彗星记录，但很不完整。

许多古代历法都以太阳或月亮的运行周期为基础。古希腊历法中也包含这两个周期。然而，同时基于太阳和月亮的周期的阴阳历并不容易编制。一些古希腊天文学家创造出了基于食的周期的历法。

公元前5世纪古希腊学者已测定年的长度为365.2632天，朔望月29.531 92天；创立19年7闰的历法；采用阴阳历。后来，又有学者更精确地确定年长为 365.2467 天，朔望月 29.530 85 天。

1.3.4　小结

古希腊罗马是一个引人注目的时代，在宇宙及天文学领域与哲学、数学、物理学、文学、社会学、建筑学等领域一样，同样也取得了巨大的成就，为后世的持续发展奠定了良好的基础，让人赞叹。这丰富、宝贵的知识遗产，至今仍吸引着学者们去研究。我们简略地归纳、总结一下其原因和特点。

古希腊城邦的形成和大量的移民使各种文化融会。学者们注意吸取、学习其他文明古国的先进知识，甚至去那里实地游历，经过理性分析，形成新的自己的观念。

综合多方面的知识，具有各种文化理性因子：毕达哥拉斯创新的数学理性、亚里士多德的逻辑理性和阿基米德的实验理性。特别注重利用高度的几何学成就和严密的逻辑体系来推算宇宙天体的运动及宇宙结构模型。

思想活跃、开放，氛围宽松、民主，努力探求未知的事物。在探讨天文现象的内在联系和宇宙本源及结构理论方面产生了众多的学派。

强调从大自然本身来解释宇宙中观察到的一切事物。具有朴素、自发的唯物思维和辩证思维。

参考文献

[1]　江晓原，钮卫星.中国天文学史[M].上海：上海人民出版社，2005.

[2]　陈美东.中国古代天文学思想[M].北京：中国科学技术出版社，2007.

[3]　杨国安.品悟老子[M].北京：中国长安出版社，2012.

[4]　廖名春.中国学术史新证[M].成都：四川大学出版社，2005.

[5]　方勇.墨子[M].北京：中华书局，2011.

[6]　袁珂.中国古代神话[M].北京：华夏出版社，2013.

[7]　袁珂.中国神话传说[M].北京：世界图书出版公司，2012.

[8]　［法］G.伏古勒尔.天文学简史［M］.罗玉君,译.北京：中国人民大学出版社,2010.

[9]　钟怡阳.流传千年的埃及神话故事［M］.南京：南京大学出版社,2013.

[10]　李明滨.世界文学简史［M］.北京：北京大学出版社,2007.

[11]　百度网.古印度天文学［OL］.2015-03-14.http://baike.baidu.com/view/26066.htm

[12]　朱维之.外国文学简史［M］.北京：中国人民大学出版社,2004.

[13]　［希］赫西俄德.工作与时日.神谱［M］.蒋平,译.北京：商务印书馆,1991.

[14]　［希］亚里士多德.形而上学［M］.苗力田,译.北京：北京出版社,2008.

[15]　北京大学哲学系/外国哲学史教研室.西方哲学原著选读［M］.北京：商务印书馆,2014.

[16]　恩格斯.自然辩证法［M］.中共中央马恩列斯著作编译局,译.北京：人民出版社,1971.

[17]　［希］柏拉图.理想国［M］.吴天岳,译.北京：北京理工大学出版社,2010.

[18]　本书编写组.最博学的人——亚里士多德［M］.北京：中国国际广播出版社,2014.

2 宇宙及天文学的继续发展

随着时代的进步,中国古代的天文学不断发展,形成一个较为完备的体系,在历法编制推算、天文仪器制造、大地测量和宇宙观念等方面都有新成就,达到较高水平。西方各学派对宇宙本源和结构展开了争论,出现了最早的日心说推测,但地心说却更为盛行,占有正宗地位。之后进入宗教神学的黑暗时期。

2.1　中国的宇宙及天文学的进展

2.1.1　宇宙观念

宇宙理论浑天说形成于大约公元前 3 世纪战国时期,于东汉张衡的理论中渐趋完善。在《浑天仪图注》中,张衡谈道:"浑天如鸡子。天体圆如弹丸,地如鸡子中黄,孤居于天内,天大而地小。天表里有水,天之包地,犹壳之裹黄。天地各乘气而立,载水而浮……天转如车毂之运也,周旋无端。其形浑

绘画：张京

浑，故曰浑天。"张衡认为，天是一种圆球体，地球如在球中，如同蛋黄在蛋内一般。

浑天说认为全天恒星都布于一个"天球"之上，而日月星辰则在于"天球"上运行。浑天说不仅是一套宇宙理论，也是一套观测和测量天体视运动的计算体系。以浑天仪为代表的观测仪器为中国古代天文学观测做出了重大贡献。浑天说于张衡理论中成形，历经魏晋时期的论证、改造，再到唐朝对本初子午线的测量，使得浑天说成为西方近代天文学传入之前的正统学说。

同浑天说相类似，宣夜说也是古人提出的一种宇宙学说。《晋书·天文志》说："宣夜之书亡，惟汉秘书郎郗萌记先师相传云，天了无质，仰而瞻之，高远无极，眼瞀精绝，故苍苍然也。譬之旁望远道之黄山而皆青，俯察千仞之深谷而幽黑。夫青非真色，而黑非有体也。日月众星，自然浮生虚空之中，其行其止皆须气焉。是以七曜（七曜指日、月及金、木、水、火、土五星）或逝或住，或顺或逆，伏见无常，进退不同，由乎无所根系，故各异也。故辰极常居其所，而北斗不与众星同没也；摄提、填星皆东行，日行一度；月行十三度。迟疾任情，其无所系著可知矣，若缀附天体，不得尔也。"

这是关于宣夜说的一段最完整的史料，它包含了有关宣夜说的许多内容。首先，宣夜说起源很早，汉代郗萌（公元 1 世纪）只是记下了先师传授的东西。第二，宣夜说认为天是没有形体的无限空间，因无限高远才显出苍色。第三，以远方的黄色山脉看上去呈青色，千仞之深谷看上去呈黑色，而实际上山并非青色，深谷并非有实体，以此证明苍天既无形体，也非苍色。第四，日月众星自然浮生虚空之中，依赖气的作用而运动或静止。第五，各天体运动状态不同，速度各异，是因为它们不是附缀在有形质的天上，而是飘浮在空中。

无可否认，这些看法是相当先进的，它同盖天、浑天说本质的不同在于：它承认天是没有形质的，天体各有自己的运动规律，宇宙是无限的空间。这三点即使在今天也是有意义的。或许正因为它的先进思想距离当时人们的认识水平太远，所以不可能为多数人所接受。试想，一个无限的宇宙空间已是难以想象，更何况众多的天体都毫无依赖地飘浮在空中、各自运动呢？在近代科学诞生以后，人们依据万有引力定律和天体力学规律说明了天体的运动，证明了宣夜说的基本观点是正确的，与现代科学理论颇为接近，具有超前的认识水平与思辨性。然而，在古代缺少先进的科学手段加以证明，使得宣夜说只能停留于思想层面，成为一种思辨的假说。且其超越性使得时人无法接受，险些失传。

随着时间的流逝，人们对宣夜说的观点也渐渐淡忘了。唐代学者所著的《晋书·天文志》中保留了宣夜说的唯一资料，才使这一思想得以保存下来。

中国古代的宇宙学理论起源较早，发展却相对迟缓，缺少数学性的理论完善与实验性检验，使得这些理论大多停留在思想理论层面，最终为近代西方天文学理论所取代。

2.1.2 宇宙思想认识

进入春秋战国时期后，我国学术界的思想异常活跃，诸子百家纷纷提出了各自新的学说。其中有代表性的学说包括：《老子》提出的宇宙物质起源学（有生于无），《墨子》进行的光学（小孔成像原理）、机械学研究，《庄子·天下》记载的各派学说（涉及物质的微观结构和宏观结构等多方面的数理逻辑思辨课题，诸如原子论、相对论、运动论、多维空间论等，可惜各学派学者的原著已经失传），《计倪子》记载的气候经济学（根据木星12年绕太阳一周所引起的降雨量周期变化，提前准备开展相应的经济贸易活动），以及《尸子》记述的平面几何、测量学，《列子·汤问》等篇关于天地结构、宇宙万物、远方异国的种种思考和忧虑（杞人忧天）等。这里，不能不提到屈原和他的思想代表作《天问》。

屈原

屈原（约公元前340—前278年），姓屈，名平，字原；汉族，战国末期楚国丹阳人；楚武王熊通之子屈瑕的后代，贵族、士大夫、学者。屈原是中国最伟大的浪漫主义诗人之一，也是我国已知最早的著名诗人、世界文化名人。他创立了"楚辞"这种文体，也开创了"香草美人"的传统，代表作品有《离骚》、《九歌》等。

屈原早年受楚怀王信任，任左徒、三闾大夫，常与怀王商议国事、参与法律的制定，他观天定法，主张章明法度，楚国国力因此有所增强。但由于自身性格耿直，加之他人谗言与排挤，屈原逐渐被楚怀王疏远。公元前 305 年，屈原反对楚怀王与秦国订立黄棘之盟，但是楚国还是彻底投入了秦的怀抱。屈原亦被楚怀王逐出郢都，开始了流放生涯。

在流放期间，屈原为后世留下了许多不朽名篇。其作品文字华丽、想象奇特、比喻新奇、内涵深刻，成为中国文学的起源之一。长诗《天问》即体现出屈原深邃的思想内涵，特别是宇宙观念。这里对其第一部分作一介绍。

《天问》（第一部分）原文：

曰：遂古之初，谁传道之？

上下未形，何由考之？

冥昭瞢暗，谁能极之？

冯翼惟像，何以识之？

明明暗暗，惟时何为？

阴阳三合，何本何化？

圜则九重，孰营度之？

惟兹何功，孰初作之？

斡维焉系，天极焉加？

八柱何当，东南何亏？

九天之际，安放安属？

隅隈多有，谁知其数？

天何所沓？十二焉分？

日月安属？列星安陈？

出自汤谷，次于蒙汜。

自明及晦，所行几里？

夜光何德，死则又育？

厥利维何，而顾兔在腹？

女歧无合，夫焉取九子？

伯强何处？惠气安在？

何阖而晦？何开而明？

角宿未旦，曜灵安藏？

……

译文：

请问远古开始之时，谁将此态流传导引？

天地尚未成形之前，又从哪里得以产生？

明暗不分混沌一片，谁能探究根本原因？

迷迷蒙蒙这种现象，怎么识别将它认清？

白天光明夜晚黑暗，究竟它是为何而然？

阴阳参合而生宇宙，哪是本体哪是演变？

天的体制传为九重，有谁曾去环绕量度？

这是多么大的工程，是谁开始把它建筑？

天体轴绳系在哪里？天极不动设在哪里？

八柱撑天对着何方？东南为何缺损不齐？

平面上的九天边际，抵达何处联属何方？

边边相交隅角很多，又有谁能知其数量？

天在哪里与地交会？黄道怎样十二等分？

日月天体如何连属？众星在天如何置陈？

太阳是从旸谷出来，止宿则在蒙汜之地。

打从天亮直到天黑，所走之路究竟几里？

月亮有着什么德行，竟能死了又再重生？

月中黑点那是何物，是否兔子腹中藏身？

神女女歧没有配偶，为何能够产下九子？

伯强之神居于何处？天地瑞气又在哪里？

天门关闭为何天黑？天门开启为何天亮？

东方角宿还没放光，太阳又在哪里匿藏？

……

这篇包含着作者深层思想结晶的《天问》是其宇宙思想学说的集萃，所问的都是上古传说中不甚可解的怪事、大事，"天地万象之理，存亡兴废之端，贤凶善恶之报，神奇鬼怪之说"，他似乎是要求得一个解答，找出一个因果。而这些问题也都是春秋、战国以来许多学者所探究的问题，在诸子百家的文章里，几乎都已讨论到。屈子的《天问》则以惝恍迷离的词句，用疑问的语气说出来，这就是屈子所以为诗人而不是"诸子"的缘由。而"天"字的意思，战国时代含义已颇广泛。大体来说，凡一切远于人、高于人、古于人，人所不能了解、不能施为的事与物，都可用"天"来统摄之。对物质界说，又有本始、本质、本原的意思。屈原为楚之宗室重臣，有丰富的学识和经历，以非凡才智作此奇文，颇有整齐百家、是正杂说之意，《天问》的光辉和价值也就很清楚地呈现于读者面前了！

从全诗的结构及内容来看，全诗 372 句、1553 字，是一首以 4 字句为基本格式的长诗，对宇宙及天文、地理、历史、哲学等许多方面提出了 170 多个问题。这些问题有许多是在他那个时代尚未解决而他有怀疑的，也有明知故问的对许多历史问题的提问，往往表现出作者的思想感情、政治见解和对历史的总结、褒贬；尤其是对自然所提的问题。从篇首至"曜灵安藏"，这部分屈子问的是天，宇宙生成是万事万物的先决，这便成了屈原问难之始，其中从"遂古之初"至"何以识之"问的是天体的情况，"明明暗暗"四句讲宇宙阴阳变化的现象。第二小节自"圜则九重"到"曜灵安藏"，这一部分是对自然结构提出问题，先对宇宙起源、天体结构和日月星辰运行发问，接下来对大地结构和鲧禹治水、羿射十日等事件发问。事实上，我国古人很早就产生了天有九层的观念，但是最早见诸文字的是《天问》中"圜则九重，孰营度之"、"九天之际，安放安属"。这里涉及宇宙的空间深度和天上物体彼此之间的距离问题。从视觉直观的角度来说，古人所说的九重天大体可以分为如下九个层次：距离大地最近的是云、雾、雷、电(我国古代经常把气象归入天文现象),然后是月亮,接下来是内行星(水星、金星,它们能够出现在太阳之前,形成凌日现象,表明它们比太阳近)、太阳、外行星(火星、木星、土星)、彗星、亮的恒星、暗的恒星,最遥远的是模糊的星云。

需要说明的是,我国古代天文学非常发达,七八千年前就能够根据四颗恒星判断四季(尧典四星);4000 年前就已经测定出木星 12 年绕太阳运行一周;最早的日食记录、太阳黑子记录、哈雷彗星记录,以及最早的星表(战国时代编制)都出现在中国。

《天问》表现的是屈原对宇宙本源和构成的探索精神,对传统说法的质疑,从而也看出屈原比同时代人进步的宇宙观、认识论及高尚的人格。《天问》以新奇的艺术手法表现精深的内容,使之成为世界文库中绝无仅有的奇作。

战国、秦汉时期还有一些学者在其著作中(如《墨经》、《尸子》等)对宇宙进行了科学的诠释,"四方上下曰宇,往古来今曰宙"。张衡更是对这种宇宙观念作了精辟的发挥,"宇之表无极,宙之端无穷"。就是说:宇,表示的是空间,其范围是无边无际的;宙,表示的是时间,其延伸是无穷无尽的。

荀子(约公元前 313—前 238 年)在其著作中表达了"天道自然"、"天行有常"、"天人相分"和"制天命而用之"的宇宙思想。

荀子将"天"、"天命"、"天道"自然化、客观化与规律化,见于他的《天论》一文。"列星随旋,日月递炤,四时代御,阴阳大化,风雨博施,万物各得其和以生,各得其养以成,不见其事而见其功,夫是之谓神;皆知其所以成,莫知其无形,夫是之谓天。"

荀子

在他看来,天为自然,没有理性、意志、善恶和好恶之心。天是自然天,而不是人格神。他把阴阳、风雨等潜移默化的机能叫做"神",把由此机能所组成的自然界叫做"天"。宇宙的生成不是神造,而是万物自身运动的结果。

荀子以为,天不是神秘莫测、变幻不定的,而是有自己不变的规律。这一规律不是神秘的天道，而是自然的必然性，它不依赖于人间的好恶而发生变化。人不可违背这一规律，而只能严格地遵守它。

"天行有常，不为尧存，不为桀亡。应之以治则吉，应之以乱则凶。"天道不会因为人的情感或者意志而有所改变，对人的善恶分辨完全漠然置之。荀子对传统的宗教迷信持批判的态度，认为自然的变化与社会的治乱吉凶没有必然的联系。他认为祭祀、哀悼死者的各种宗教仪式，仅仅是表示"志意思慕之情"，是尽"人道"而非"鬼事"（《礼论》）。

荀子认为自然界和人类各有自己的规律和职能。天道不能干预人道，天归天，人归人，故言天人相分不言合。治乱吉凶，在人而不在天。并且天人各有不同的职能，"天能生物，不能辨物，地能载人，不能治人"（《礼论》）；"天有其时，地有其才，人有其治"（《天论》）。

在荀子看来，与其迷信天的权威，去思慕它、歌颂它，等待"天"的恩赐，不如利用自然规律以为人服务。荀况强调"敬其在己者"，而不要"慕其在天者"。他甚至以对天的态度作为君子、小人之分的标准，强调人在自然面前的主观能动性，主张"治天命"、"裁万物"、"骋能而化之"的思想。荀子明确地宣称，认识天道就是为了能够支配天道而宰制自然世界。

王充（公元 27 年—约 97 年）在《论衡》一书中同样从宇宙观上否定了"天人感应"的"天"，还世界的物质性面貌。不过，《论衡》一书中所描述的宇宙观，是一种自然主义的宇宙观："天地合气，物偶自生也"、"及其成与不熟，偶自然也"（《论衡·物势》篇）。所以，这种宇宙观只能是人能利用自然，辅助"自然之化"，但终究得听命于自然力的支配。

1. 天自然无为

王充认为天和地都是无意志的自然物质实体，宇宙万物的运动变化和事物的生成是自然无为的结果。他认为万物是由于物质性的"气"自然运动而生成的，"天地合气，万物自生"。生物间的相胜是因为各种生物筋力的强弱、气势的优劣和动作的巧拙不同，并非

王充

天的有意安排,天不是什么有意志、能祸福的人格神。

2. 天不能故生人

王充认为天是自然,而人也是自然的产物,"人,物也;物,亦物也",这样就割断了天人之间的联系。他发扬了荀子"明于天人之分"的唯物主义思想。他说:"人不能以行感天,天亦不能随行而应人"。他认为社会的政治、道德与自然界的灾异无关,所谓"天人感应"的说法只是人们以自己的想法去比拟天的结果。

3. 神灭无鬼

王充认为人有生即有死。人所以能生,由于他有精气血脉,而"人死血脉竭,竭而精气灭,灭而形体朽,朽而成灰土,何用为鬼?"他认为人死犹如火灭,火灭为何还能有光? 他对于人的精神现象给予了唯物的解释,从而否定鬼的存在,破除了"善恶报应"的迷信。

4. 今胜于古

王充反对"奉天法古"的思想,认为今人和古人相"齐"。即认为今人与古人气禀相同,古今不异,没有根据说古人总是胜于今人,没有理由颂古非今。他认为汉比过去进步,汉在"百代之上",因为汉在"百代"之后。这种见解与"天不变道亦不变"的思想是完全对立的。

2.1.3 飞天的神话传说、牛郎织女和嫦娥奔月

自古以来,我国就流传着许多关于飞天的神话传说。据考古发现,早在战国墓葬的石室壁上,就刻有飞天的图像。敦煌壁画中那动人的飞天形象更是人人皆知。这体现着人们久远的飞天梦想和在太空中自由飞翔的美好愿望。下面讲述两个在民间广为流传的牛郎织女和嫦娥奔月的故事。

"织女"、"牵牛"二词见诸文字,最早出现于《诗经》中的《大东》篇。诗中的织女、牵牛只是天上两个星座的名称,它们之间并没有什么关系,但会引起人们的联想。到了东汉时期,无名氏创作的《古诗十九首》中,有一首《迢迢牵牛星》,从中可以看出,牵牛、织女已是一对相互倾慕的恋人,不过诗中还没有认

定他们是夫妻。在文字记载中，称牛郎、织女为夫妇的，最早应是南北朝时期编纂的《文选》，其中有一篇《洛神赋》的注释中说："牵牛为夫、织女为妇，织女牵牛之星各处河鼓之旁，七月七日乃得一会。"这时"牛郎织女"的故事和七夕相会的情节，已经初具形态了。南北朝时期的《述异记》里有这么一段："大河之东，有美女丽人，乃天帝之子，机杼女工，年年劳役，织成云雾绢缣之衣，辛苦殊无欢悦，容貌不暇整理，天帝怜其独处，嫁与河西牵牛为妻，自此即废织纴之功，贪欢不归。帝怒，责归河东，一年一度相会。"直到民间传说中又对其加以发展。

这个故事是这样的：传说在很久以前，南阳城西的牛家庄有一个叫牛郎的孤儿，随哥哥嫂子生活。嫂子对他不好，给了他九头牛，却让他领十头回来，否则永远不要回去。沮丧之时，他得到高人指点，在伏牛山发现了一头生病的老黄牛。他悉心照料后，才得知老牛原来是天上的金牛星被打下凡间，牛郎成功将其领回家。后来在老牛的指点下，牛郎找到了下凡仙女们洗澡游玩的地方，拿起了其中一位仙女的衣服。那个仙女名字叫"织女"。两人相识后，坠入爱河，后生育有龙凤胎。但此事被王母娘娘发现后，织女被带回了天界。老牛告诉牛郎，它死之后把皮做成鞋就可以腾云驾雾。后来牛郎终于上了天界，眼看就要和织女团聚，却被王母娘娘头上银簪所变的银河拦住去路。天上的喜鹊被他们的爱情感动了，化作"鹊桥"让牛郎织女终于团聚。王母娘娘有些动容，后来允许每年农历七月初七，两人才可在鹊桥相会。之后，每年"七夕"牛郎就把两个小孩放在扁担中，上天与织女团聚，成为一段佳话。

我们认为：童话和神仙故事并不会因物质文明的进步而消亡。它们可以提高孩子们的幻想能力，也可以作为成年人的童年回想，又可以作为各种文化艺术的原料。中国的《牛郎织女》可以和希腊的《奥德赛》、《金羊毛》，法国的《尼伯龙根指环》等故事并列。2008 年，牛郎织女传说入选了国家非物质文化遗产名录。

绘画：张京

嫦娥飞天的神话在《淮南子·外八篇》中记载如下：

牛郎织女

"昔者，羿狩猎山中，遇姮娥于月桂树下。遂以月桂为证，成天作之合。"

"逮至尧之时，十日并出。焦禾稼，杀草木，而民无所食。猰貐、凿齿、九婴、大风、封豨、修蛇皆为民害。尧乃使羿诛凿齿于畴华之野，杀九婴于凶水之上，缴大风于青丘之泽，上射十日而下杀猰貐，断修蛇于洞庭，擒封豨于桑林。万民皆喜，置尧以为天子。"

"羿请不死之药于西王母，托与姮娥。逢蒙往而窃之，窃之不成，欲加害姮娥。娥无以为计，吞不死药以升天。然不忍离羿而去，滞留月宫。广寒寂寥，怅然有丧，无以继之，遂催吴刚伐桂，玉兔捣药，欲配飞升之药，重回人间焉。"

"羿闻娥奔月而去，痛不欲生。月母感念其诚，允娥于月圆之日与羿会于月桂之下。民间有闻其窃窃私语者众焉。"

译文为：

远古时候，天上有十日同时出现，晒得庄稼枯死、民不聊生，一个名叫后羿的英雄，力大无穷，他同情受苦的百姓，于是便拉开神弓，一气射下九个太阳，并严令最后一个太阳按时起落，为民造福。后羿的妻子名叫嫦娥。后羿除了传艺狩猎外，终日和妻子在一起。有不少志士慕名前来投师学艺，心术不正的逢蒙也混了进来。

一天，后羿到昆仑山访友求道，向王母求得一包不死药。据说，服下此药，能即刻升天成仙。然而，后羿舍不得撇下妻子，暂时把不死药交给嫦娥珍藏。嫦娥将药藏进梳妆台的百宝匣。三天后，后羿率众徒外出狩猎，心怀鬼胎的逢蒙假装生病，没有外出。待后羿率众人走后不久，逢蒙持剑闯入内宅后院，威逼嫦娥交出不死药。嫦娥知道自己不是逢蒙的对手，危急之时她转身打开百宝匣，拿出不死药一口吞了下去。嫦娥吞下药，身子立时飘离地面，冲出窗口，向天上飞去。由于嫦娥牵挂着丈夫，便飞落到离人间最近的月亮上成了仙。

傍晚,后羿回到家,侍女们哭诉了白天发生的事。后羿既惊又怒,抽剑去杀恶徒,逢蒙早已逃走。后羿气得捶胸顿足、悲痛欲绝,仰望着夜空呼唤嫦娥。这时他发现,今天的月亮格外皎洁明亮,而且有个晃动的身影酷似嫦娥。后羿思念妻子,便派人到嫦娥喜爱的后花园里,摆上香案,放上嫦娥平时爱吃的蜜食鲜果,遥祭在月宫里的嫦娥。百姓们闻知嫦娥奔月成仙的消息后,纷纷在月下摆设香案,向善良的嫦娥祈求吉祥平安。从此,中秋节拜月的风俗便在民间传开了。

嫦娥奔月图

水调歌头

明月几时有？把酒问青天。

不知天上宫阙,今夕是何年？

我欲乘风归去,又恐琼楼玉宇,高处不胜寒。

起舞弄清影,何似在人间？

转朱阁,低绮户,照无眠。

不应有恨,何事长向别时圆？

人有悲欢离合,月有阴晴圆缺,此事古难全。

但愿人长久,千里共婵娟。

宋代词人苏轼的一首《水调歌头》更是把自己与月中的飞天嫦娥联系起来,意境高远。至于《西游记》、《封神榜》等文学作品中那些在天地之间自由往来的神怪们,同样令人赞叹。他们对现代航天登月飞天、星际探测,也许会有一些思想启迪视野开放作用。

2.1.4　天文星图、历法和观测仪器

东汉中期(公元 2 世纪)张衡撰写了关于天文方面的著作《灵宪》。

张衡(公元 78—139 年),字平子,汉族,南阳西鄂(今河南南阳市石桥镇)

人，我国东汉时期杰出的天文学家、数学家、发明家、地理学家、制图学家、文学家、学者。在汉朝官至尚书，为我国天文学、机械技术、地震学的发展作出很大的贡献。

张衡

张衡是东汉中期浑天说的代表人物之一。他指出月球本身并不发光，月光其实是日光的反射；他还正确地解释了月食的成因，并且认识到宇宙的无限性和行星运动的快慢，与距离地球远近的关系。

张衡观测记录了 2500 颗恒星，创制了世界上第一架能比较准确地表演天象的漏水转浑天仪，还制造出了指南车、自动记里鼓车、飞行数里的木鸟等。

张衡共著有科学、哲学和文学著作 32 篇，其中天文著作有《灵宪》和《灵宪图》等。

为了纪念张衡的功绩，人们将月球背面的一个环形山命名为"张衡山"，将 1802 号小行星命名为"张衡星"。

20 世纪中国著名文学家、历史学家郭沫若对张衡的评价是："如此全面发展之人物，在世界史中亦所罕见，万祀千龄，令人敬仰。"

《晋书·天文志》中还记载了吴国太史令陈卓编制出了包含 283 个星官，1464 颗星的星座体系。

现存最古老的星图是敦煌星图，约绘于唐中宗时期，包含星星 1350 颗。

最完整的古星图是宋淳祐七制所刻的石刻天文图，现存于苏州。包含有 1440 颗星，还有坐标和二十八宿分界，标出了赤道和黄道，刻出了银河。

对行星观测方面，长沙马王堆出土《五星占》，成书在公元前 170 年左右，记载了从公元前 246 年至公元前 177 年的行星位置和周期。行星的位置和运动为历代历法重要内容。

汉代司马迁的《史记·天宫书》记载了行星逆行的发现。

下面介绍杰出的司马迁。

司马迁（公元前 145—前 90 年），字子长，西汉夏阳（今陕西韩城南）人，中国西汉伟大的史学家、文学家、思想家、天文学家，司马谈之子。他曾任太史令，因李陵之事有所辩解，下狱，受腐刑，后任中书令时，发奋继续完成所著史籍，被后世尊称为"史迁"、"太史公"、"历史之父"。

司马迁

他以其"究天人之际，通古今之变，成一家之言"的史识创作了中国第一部纪传体通史《史记》（原名《太史公书》或《太史公记》）。这本史书被公认为是中国史书的典范，记载了从上古传说中的黄帝时期，到汉武帝元狩元年，长达3000多年的历史，是"二十五史"之首，被鲁迅誉为"史家之绝唱，无韵之《离骚》"。

司马迁从小就受到良好的教育。在《史记·太史公自序》上，他说："迁生龙门，耕牧河山之阳。年十岁则诵古文。"二十岁时，他从长安出发，足迹遍及江淮流域和中原地区，所到之处考察风俗，采集传说。"（他）二十而南游江、淮，上会稽，探禹穴，窥九疑，浮沅、湘。北涉汶、泗，讲业齐鲁之都，观夫子遗风，乡射邹峄；厄困蕃、薛、彭城，过梁、楚以归。于是迁仕为郎中，奉使西征巴、蜀以南，略邛、莋、昆明，还报命。"二十五岁时，他又以使者监军的身份，出使西南夷，担负起在西南设郡的任务，足迹遍及"邛、莋、昆明"等地。

汉武帝元封元年（公元前110年），他的父亲司马谈去世。三年之后，司马迁承袭父职，任太史令，同时也继承了父亲遗志（司马谈临终曾对司马迁说："余死，汝必为太史；为太史，无忘吾所欲论著矣。"），准备撰写一部通史。汉武帝太初元年（公元前104年），司马迁与唐都、落下闳等共同订立了"太初历"，该历法改变了秦代使用的颛顼历以十月为岁首的习惯，而改以正月为岁首，从而为中国的农耕社会奠定了其后两千年来所尊奉的历法基础。之后，司马迁便潜心修史，开始了《史记》的写作。公元前98年，因李陵案获罪下狱。李陵被灭族，而司马迁为著作史记而忍辱苟活，自请宫刑。

司马迁的著作，除《史记》外，《汉书·艺文志》还著录赋八篇，均已散失，唯

《艺文类聚》卷 30 中引征《悲士不遇赋》的片段和有名的《报任安书》（即《报任少卿书》）遗存于世。《报任安书》表白了他为了完成自己的著述而决心忍辱含垢的痛苦心情，是研究司马迁生平思想的重要资料，也是一篇饱含感情的杰出散文。《悲士不遇赋》也是他晚年的作品，抒发了受腐刑后和不甘于"没世无闻"的愤激情绪。

史记：公元前 91 年（征和二年），《史记》全书完成。全书 130 篇，526 500 余字，包括十二本纪、三十世家、七十列传、十表、八书，对后世的影响极为巨大，被称为"实录、信史"。列为前"四史"之首，与《资治通鉴》并称为史学"双璧"。

至治思想：司马迁借老子之口说出了被他改造过和发展了的至治理想。保留了道法自然的内核，有意识地剔除了反映原始社会"小国寡人"和奴隶社会"使民"如何的思想，体现了深得道家精髓的"与时迁移"思想。其核心是天道自然，要旨是人民的足欲。

天文成就：两汉时期的天文星象家中，首先要提到司马迁。大家都知道司马迁是一个伟大的史学家，而不知他也是一位在天文星象方面造诣很深的专家。其实只要仔细读其《史记》的《天官书》、《律书》、《历书》，就可明白称他为天文星象专家绝非虚誉。

司马迁继承父亲的遗志，完成"推古天变"之任务，并明确表述为"通古今之变，究天人之际"，其结论表述在《天官书》中，即据春秋 242 年之间日食三十六、彗星三见等星象，联系点天子衰微、诸侯力政、五伯代兴及到战国及秦汉之际的社会变乱动荡，而总结出天运三十年一小变，一百年一中变，五百年一大变，三大变为一纪，三纪而大备的"大数"，最后才认为"天人之际续备"。这是司马迁天文学之应用的最重要之范例，在整个星学历史上占有最高地位。

此外，司马迁又总结了战国以来的天文学的基本原则，大意为："我仔细检查史书的记载，考察历史上的事变，发现在 100 年之中，五星皆有逆行现象。五星在逆行时，往往变得特别明亮。日月的蚀食及其向南、向北的运行，都有一定的速度和周期，这是星象学所要依据的最基本的数据。而星空中的紫宫星垣和东西南北四宫星宿及其所属的众多星辰，都是位置不变的，它们的大小程度和相互向的距离也是一定不变的,它们的分布排列象征着天上五官的位置。这是星象学中作为'经',亦即不变的依据。而水、火、金、木、土星则是上天的五位辅助,它们的出现隐伏也有一定的时间和周期,但其运行速度快慢不均。这是天文学中的'纬',亦即经常变动的部分。把这些固定的和变动的两种星象结合起来,就可以预测人事的变化了。"

历史评价:

(1)司马迁承继其父司马谈的黄老之学,坚持朴素唯物主义观点,对神秘化的阴阳五行学说采取讥评的态度。他还以造诣甚深的自然科学知识(天文历法)为依据,认为阴阳、四时和二十四节气等是不可更改的,"春生夏长,秋收冬藏"是自然界的客观规律,人们必须遵守,不可违背。由此,他对当时占统治地位的"天人感应"的神秘主义学说进行了有力的讽刺和批判。

(2)司马迁通过对当时社会现象的观察和以历史上的大量事实为根据,说明善人往往不得善报而遇灾受害者"不可胜数",但恶人却有"终身逸乐,富贵累世不绝"、"竟以寿终"的。揭露了所谓"天道有知"、"天之报施善人"的欺人之谈。

(3)反对神鬼和求仙可致长生不死的迷信。

(4)司马迁试图从人们生活的物质基础即经济生活中找寻社会现象和社会意识问题的根据。他把人们从事农、矿、工、商等经济活动的历史看成和自然现象的变化一样是有规律可循的;并认为社会生产的分工和发展是被人们物质生活的需要所推动的,而不是什么政治力量和神的意志所能创造的。

(5)司马迁认为社会上等级和奴役关系的产生,起源于彼此占有财富的悬殊,他揭示出富者剥削和奴役贫者是人类社会的现象,并非是"天命"的安排。

(6)司马迁继承了《管子》的道德观,认为财富的占有情况也决定人们的道德观念。司马迁抨击"天道",肯定"利"和"欲",认为有"利"即有"德"。

(7)司马迁具有较进步的道德观。他充分发扬前人的人本思想,对于当世、历史、人民、国家有所贡献和作为的,尤其是不符合世俗的道德观念,予以记述和歌颂,这与当时的封建伦常、道德观念大相径庭。

(8)司马迁主张从不断变化发展的观点去考察国家成败兴亡的道理。他以"通古今之变"的历史进化观点来观察历史。他在《自序》中所说的"原始察终，见盛观衰"，正是他"通古今之变"的方法论。

这一时期的观测仪器：

（1）测日仪器：圭表。

（2）测时仪器：日晷、铜壶滴漏。

（3）测星仪器：浑仪，最早西汉时期（公元前 1 世纪）制造；简仪，元代郭守敬对浑仪进行了根本变革，创制简仪。

（4）天球仪：最早西汉时期制造"浑象"；东汉张衡制造"水运浑象"；唐朝时期制造"水运浑天"，有报时机构。

历法：

（1）"古六历"（黄帝历、颛顼历、夏历、殷历、周历、鲁历）：先秦至汉初使用。取平均年长 365.25 日；朔望月长 29.530 851 日；采用 18 年置 7 闰。颛顼历取立春为岁首，其余取冬至为岁首。

（2）太初历：汉武帝元封七年（公元前 104 年）制订。首次规定没有中气的月份为闰月；把二十四节气订入历法。第一次计算了日月食发生的周期。

（3）大明历：南北朝时期刘宋孝武帝大明六年（公元 462 年）成历，由祖冲之制订。取年长 365.2428 日；这是第一部计及岁差的历法，采用 391 年加 144 年闰的新闰周。但这一历法直到公元 510 年才采用，使用达 80 年。

祖冲之（公元 429—500 年）是我国杰出的数学家、科学家。南北朝时期人，汉族，字文远。祖籍河北涞水，出生地南京。其主要贡献在数学、天文历法和机械三方面。

天文历法：在古代，我国历法家一向把 19 年定为计算闰年的单位，称为"一章"，在每一章里有 7 个闰年。也就是说，在 19 个年头中，要有 7 个年头是 13 个月。这种闰法一直采用了一千多年。

祖冲之吸取了前人的先进理论，加上他自己的观察，认为 19 年 7 闰的闰数过多，每 200 年就要差 1

祖冲之

天。因此,他提出了391年内144闰的新闰法。这个闰法在当时算是最精密的了。

除了改革闰法以外,祖冲之在历法研究上的另一重大成就,是破天荒第一次应用了"岁差"。

根据物理学原理,刚体在旋转运动时,假如丝毫不受外力的影响,旋转的方向和速度应该是一致的;如果受了外力影响,它的旋转速度就要发生周期性的变化。地球就是一个表面凹凸不平、形状不规则的刚体,在运行时常受其他星球引力的影响,因而旋转的速度总要发生一些周期性的变化,不可能是绝对均匀一致的。因此,每年地球绕太阳运行一周,不可能完全回到上一年的冬至点上,总要相差一个微小距离。按现代天文学家的精确计算,大约每年相差50.2秒,每71年8个月向后移1度。这种现象叫作岁差。

随着天文学的逐渐发展,我国古代科学家们渐渐发现了岁差的现象。汉代多位学者都曾观测出冬至点后移的现象,不过他们都还没有明确地指出岁差的存在。到东晋初年,天文学家才开始肯定岁差现象的存在,并且首先主张在历法中引入岁差,算出冬至日每50年退后1度。

我国古代天文仪器

后来到南朝时,祖冲之继承了前人的科学研究成果,不但证实了岁差现象的存在,算出岁差是每45年11个月后退1度,而且在他创制的《大明历》中应用了岁差。但是因为他所根据的天文史料都还是不够准确的,所以他提出的数据自然也不可能十分准确。尽管如此,祖冲之把岁差应用到历法中,在天文历法史上仍是一个创举,为我国历法的改进揭开了新的一页。到了隋朝以后,岁差已为很多历法家所重视了,像隋朝的《大业历》《皇极历》中都应用了岁差。

祖冲之在历法研究方面的第三个巨大贡献,就是能够求出历法中通常称为"交点月"的日数。所谓交点月,就是月亮连续两次经过"黄道"和"白道"的交叉点时，前后相隔的时间。黄道是指地球人看到的太阳运行的轨道，白道是地球人看到的月亮运行的轨道。交点月的日数是可以推算得出来的。祖冲之测得的交点月的日数是 27.212 23 日，比过去天文学家测得的要精密得多，同近代天文学家所测得的交点月的日数 27.212 22 日已极为近似。在当时的天文学水平下，祖冲之能得到这样精密的数字，成绩实在惊人。

由于日食和月食都是在黄白交点附近发生，所以推算出交点月的日数以后，就更能准确地推算出日食或月食发生的时间。祖冲之在他制订的《大明历》中，应用交点月推算出来的日、月食时间比过去准确，和实际出现日、月食的时间都很接近。

此外，祖冲之对木、水、火、金、土等五大行星在天空运行的轨道和运行一周所需的时间，也进行了观测和推算。我国古代科学家算出木星（古代称为"岁星"）每 12 年运转 1 周。西汉刘歆作《三统历》时，发现木星运转 1 周不足 12 年。祖冲之更进一步，算出木星运转 1 周的时间为 11.858 年。现代科学家推算木星运行的周期约为 11.862 年。祖冲之算得的结果，同这个数字仅仅相差 0.04 年。此外，祖冲之算出水星运转 1 周的时间为 115.88 日，这同近代天文学家测定的数字在两位小数以内完全一致。他算出金星运转 1 周的时间为 583.93 日，同现代科学家测定的数字仅差 0.01 日。

祖冲之根据上述的研究结果，成功创制了当时最科学、最进步的历法——《大明历》。这是祖冲之科学研究的天才结晶，也是他在天文历法上最卓越的贡献。祖冲之在天文历法方面的成就，大都包含在他所编制的《大明历》及为大明历所写的驳议中。

公元 462 年，祖冲之把精心编成的《大明历》送给政府，请求公布实行。根据《大明历》来推算元嘉十三年（公元 436 年）、十四年（公元 437 年）、二十八年（公元 451 年）、大明三年（公元 459 年）的四次月食都很准确，但用旧历法推算的结果误差就很大。

但是，由于权贵保守派的阻挠，一直到梁朝天监九年（公元 510 年），新历才被正式采用，可是那时祖冲之已去世 10 年了。

精算圆周率：

《隋书·律历志》留下一段关于圆周率（π）的记载，祖冲之算出 π 的真值在 3.141 592 6 和 3.141 592 7 之间，相当于精确到小数第 7 位，简化成 3.141 592 6，成为当时世界上最先进的成就。祖冲之入选世界纪录协会世界第一位将圆周率值计算到小数第 7 位的科学家，创造了中国纪录协会的世界之最。这一纪录直到 15 世纪才由阿拉伯数学家打破。

祖冲之还给出 π 的两个分数形式：22/7（约率）和 355/113（密率），其中密率精确到小数第 7 位，这在西方直到 16 世纪才由荷兰数学家奥托重新发现。祖冲之还和儿子一起圆满地利用"牟合方盖"解决了球体积的计算问题，得到了正确的球体积公式。

求算圆周率的值是数学中一个非常重要，也是非常困难的研究课题。中国古代许多数学家都致力于圆周率的计算，而公元 5 世纪祖冲之所取得的成就可以说是圆周率计算的一个跃进。祖冲之经过刻苦钻研，继承和发展了各位数学家、科学家前辈的优秀成果。他对于圆周率的研究结果，是对我国乃至世界的一个突出贡献。他的精确推算值被命名为"祖冲之圆周率"，简称"祖率"。

制造机械：

指南车是一种用来指示方向的车子。车中装有机械，车上装有木人。车子开行之前，先把木人的手指向南方，不论车子怎样转弯，木人的手始终指向南方不变。这种车子结构已经失传，但是根据文献记载，可以知道它是利用齿轮互相带动的结构制成的。

祖冲之仿造前人所制的指南车内部机件是全铜的。它的构造精巧、运转灵活，无论怎样转弯，木人的手常常指向南方。

祖冲之也制造了很有用的劳动工具。古代劳动人民很早就发明了利用水力春米的水碓和磨粉的水磨。祖冲之在前人基础上进一步加以改进，把水碓和水磨结合起来，生产效率就更加提高了。这种粮食加工工具，称为"水碓磨"，现在我国南方有些农村还在使用着。

祖冲之还设计制造过一种千里船，可能是利用轮子激水前进的原理造成的，一天能行 500 多千米。

祖冲之还根据春秋时代文献的记载，制作了一个"欹器"。欹器是古人用来警诫自满的器具。器内没有水的时候，是侧向一边的。里面盛水以后，如果水量适中，它就竖立起来；如果水满了，它又会倒向一边，把水泼出去。这种器具，晋朝的学者曾试制三次，都没有成功；祖冲之却仿制成功了。由此可见，祖冲之对各种机械都有深刻的研究。

撰写缀术：

祖冲之还曾写过《缀术》五卷，这是一部内容极为精彩的数学书，很受人们重视。《缀术》在唐代被收入《算经十书》，成为唐代国子监算学课本。唐朝的官办学校的算学科中规定：学员要学《缀术》四年；政府举行数学考试时，多从《缀术》中出题。《缀术》一书，汇集了祖冲之父子的数学研究成果。这本书内容深奥，以至"学官莫能究其深奥，故废而不理"。可见《缀术》的艰深。《缀术》曾经传至朝鲜，但到北宋时就已遗失了。

祖冲之的成就不仅限于自然科学方面，他还精通乐理，对于音律很有研究。

他又著有《易义》、《老子义》、《庄子义》、《释论语》等关于哲学的书籍，但可惜的是，现在都已经失传了。

历史评价：

祖冲之在天文、历法、数学以及机械制造等方面的辉煌成就，充分表现了我国古代科学的高水平。首先，当时社会生产正在逐步发展，需要有一定的科学归纳、总结来配合前进，科学的进步具有了较好的基础和推动力。祖冲之正逢其时，取得了多个学科专业方面的成绩。其次，从上古到这时候，在千百年的实际活动中，已经积累了不少科学技术成果，祖冲之就在前人已搭建的舞台上，以自己卓越的学识实现了创新提高，做出了他的成绩。至于祖冲之个人的禀赋，认真学习、刻苦钻研，不迷信古人，不畏惧守旧势力，不避艰难，自然也都是取得杰出成就的重要原因。

祖冲之不仅是我国历史上杰出的科学家，在世界科学发展史上也有崇高的地位。我们应该纪念像祖冲之这样的科学家，珍视他们的宝贵遗产。为纪念这位伟大的古代科学家，人们将月球背面的一座环形山命名为"祖冲之山"，把 1888 号小行星命名为"祖冲之小行星"。

2.1.5　小结

这一时期中国的宇宙及天文学得到大发展，获得诸多新成果，如精确的历法编算、精致的天文仪器、富有想象力的飞天神话和先进的宇宙观念等方面都取得新成就。以屈原、荀子、张衡、司马迁和祖冲之等一批杰出的学者、大家为代表，继承了中华民族千百年历史积淀的财富，通过个人天赋创造及艰辛的劳动，开创出了一个繁荣兴盛的好局面。但是，由于政治制度的专制和权贵保守势力的专横，一直在阻碍着科学技术和新思想的发展，这必然隐含着衰落的危机。

2.2　埃及、美索不达米亚、印度的宇宙及天文学进展

2.2.1　埃及

埃及的民用历沿用先前的太阴历，以天狼星偕日升（约合公历的 7 月 19 日前后）为一年的起始，这最早见于公元前 3 世纪第一王朝的历史记载，但实际采用时间则要更早些。天狼星偕日升标志着尼罗河在旧王国的国都——孟菲斯泛滥。

由于 365 日比实际的回归年长度要短 1/4 天左右，即每隔 4 年，新年时间就要比实际提前 1 天，每过 1460 个回归年则提前 1 年，这就是所谓的天狼星周期。有说法认为古埃及历年与回归年之间的差异正是"徘徊年"之名的由来。

这时，法老颁布命令，决定每 4 年设置 1 个闰年。不过这一改革当时遭到

了农民的反对，原因是旧历与农业生产紧密关联。直到公元前 1 世纪，置闰规则才为改革后的亚历山大历真正采用，并于公元前 22 年首次置闰，闰日不属于任何一个月，而是附加在空余出的几天中。

准太阴历的基础是民用历法，但并不取决于天狼星，主要作用是确定宗教节日的时间。其置闰法则是，倘若太阴年的新年早于民用年，则设置闰月，后来则有了 25 年的置闰法则。

此外古埃及还有类似现代财政年度的设置，财政年始于 Ⅱ Peret（埃及古历冬季）第 1 天，终于 Ⅰ Peret 第 30 天，其他同民用历法。在一些天文记载中，还出现了若干不用法老年号表示的特定时期，很是烦琐。

后来衍生出的公历 1 年设置为 365 天，是古埃及历法的一大贡献。另一贡献是对黄道十二宫的划分。他们在新王国时期已经知道了 40 多个星座，考古学家在墓地和神庙中获得了类似"星位图"的记录。

埃及的拜神主义通常将东地平线作为他们精神源泉的起点。这种想法也深深影响了埃及人制定历法的方式。如同美索不达米亚人，埃及人最初也使用基于月亮运行周期而制定的历法，但是区别是：美索不达米亚人以日落时西方的新月作为每月的开始，而埃及人却以日出时东方的新月作为每月的开始。当西方文艺复兴的影响波及埃及的时候，埃及人的信念开始动摇了。他们很快意识到，虽然月亮历在大多数情况下有实用价值，但它却有许多缺陷。其中最大的缺点就是每当 12 个月亮历月循环一次时，每年都会多出 11 天。为了使历法能够永远符合节气，只能每隔两年附加上 1 个月来弥补。

埃及人曾经试图废除传统月亮历，而引进基于太阳运行周期的新"国民"历法。新历法用于为国家权力机构管理国家服务，但月亮历法仍然保留于僧侣事务与日常公众活动。通过记录与太阳同时出没的天狼星的运行情况，他们甚至已经能计算出太阳绕黄道 1 周的时间为 365 天。为方便起见，他们简单地把 1 年划分为 12 个月，每月 30 天。另外的 5 天单独作为一个时段，这段时间他们主要用于欢庆。每个月又被划分为 3 周，每周 10 天。每周的开始用在黄昏时分升起的特殊恒星或星团来确定，而不是努力地契合月相的变化。

为了使新历法更有效,他们还把天球细化为 36 个部分,这样夜晚的时间就可以通过恒星的起落来确定。

　　埃及人的新历法把一年分为 36 个区间,每个区间又由一颗专门的具有神性的恒星掌控。这就产生了占星学理论体系中所谓"古典占星学 10°分区"的概念,虽然在此以后这个概念常常被认为是中世纪占星学理论的专利。这个概念将原本已经被划分为 30°的黄道带又被细化为 10°分区,并且每个分区又由一颗行星掌控。因此恒星时变成了神的时间——也就是人类命运的尺度。这个事实虽然直到象征主义被取代时才确切地知道,但在公元前 200 年建立的神庙已经向人们展示了 10°分区在占星学上的运用。

　　埃及人神化时间概念的详情是值得人们关注的。在埃及人的信仰中,每 1 个恒星都被描绘为 1 位神,并掌管黄道上的一个 10°区间。它们被确定的方法是,每周开始时最先升起的那颗恒星就是这 1 周的统治者也就是这 1 周的神。在早期,恒星钟被制造出来以确定每一周的统治恒星。这个简略的装置甚至在夜里也能提示每一个 10°区间到来的准确时间。因此星相家们就可以通过记录这些时间,用图表计算,标出夜晚的每个小时了。但实际上,现存的 12 个在埃及神庙中被发现的事例,已经证明这种方法在当时更为被看重为是一种为亡灵在阴间提供财富的重要方式。神庙中还有一个用恒星在天空中运行位置排列成的坐着的人形图案。用这些恒星位置就可以很容易地表示出 1 年中 14 天为 1 周期的晚上的准确时间。

　　古埃及被神化了的时间历法的更进一步运用,是能通过恒星与星群的运动指明任意时刻的掌控恒星。这些作用在太阳领域下白天 12 小时里的守护神在神话中显得特别重要。当然,夜晚里的守护神同样也是重要的。当太阳神落到地平线以下时,他就必须在黑暗世界里通过每 1 小时区各个神的领域。这些神为太阳神打开大门,并把他送往下一个领域,而开门的密码只有这些暗夜守护神们自己知道。小时区间神的概念同样被运用到占星学中,特别当占星上的判断需要精确到某个或某几个小时时。但后来行星被统一定为每个小时的守护神,并成为占星询问中非常有效的描述性征兆。

但行星时不像通常的时钟那样固定而连续的，它在长度上是会变动的，这也是追随埃及历法的一种表现。通过水钟的发明，埃及人第一次创造了一天24小时制，包括白天12小时，夜晚12小时。在春分、秋分时，白天、黑夜的24个小时是等量平分的，但在一年里的其他时间，每个小时的长度就是常常变化的了。它们的计算方法是：把日出到日落划分为白天12小时，再把日落到日出划分为黑夜12小时。所以白天的12小时在夏天就比较长，而在冬天就比较短；黑夜的12小时在夏天就比较短，而在冬天就比较长。

自从日落日出被分别定义为太阳的"死亡"与"重生"时，它们就具有非常重大的意义。太阳的出现或消失，改变了人的整个生命模式，从活跃到寂静，埃及人为我们留下的时间历法对于标明这样的转变显得非常宝贵。宗教仪式往往在日出时举行（比如英国教堂的晨祷，天主教子夜或黎明的祈祷）——牧师的职能之一——调用白天行星的神性能力。这个行星被看待为此时天上的统帅，同时这个小时里的守护行星也是这个人此生的代理者。占星学上每小时统治次序以行星占星术顺序排列：月亮、土星、木星、火星、太阳、金星、水星。另一种宗教仪式（晚祷即天主教每天七段祈祷中的晚课）在每天第八小时举行，这时正好此小时的统治者变回为统治白天的那个行星。虽然我们现在一周七天的名字仍以这些行星统治者来命名，但行星时却被认为只适合在神秘主义学说中运用。24小时等长的制度在希腊文化时代被引入并发展至今，但这种时间制度彻底分离了每天与季节的联系。

2.2.2 美索不达米亚

巴比伦人以新月初见为一个月的开始，这个现象发生在日月合朔后一日或二日，决定于日月运行的速度和月亮在地平线上的高度。为了解决这个问题，天文学家自公元前311年开始制定日、月运行表，这个表只有数据，没有任何说明。它的奥秘在19世纪末终于被现代学者揭开。他们发现，第4栏是当月太阳在黄道十二宫的位置，第3栏是合朔时太阳在该宫的度数（每宫从0°～30°），第3栏相邻两行相减即得第2栏数据，它是当月太阳运行的度数。若以月份为横坐标,以太阳每月运行的度数为纵坐标绘图,便可得 3 条直线。前 3 点形成的直线斜率为 +18′,中间 6 点形成的直线斜率为 −18′,后 4 点形成的直线斜率为 +18′。若就连续若干年的数据画图,就可得到一条折线。在这条折线上两相邻峰之间的距离就是以朔望月表示的回归年长度,1 回归年 = 12.5 朔望月。

巴比伦天文表:在这种日月运行表中,一些项目有 18 栏之多。除上述 4 栏外,还有昼夜长度、月行速度变化、朔望月长度、连续合朔日期、黄道对地平的交角、月亮的纬度,等等。有日月运行表以后,计算月食就很容易了。事实上,远在约公元前 9 世纪时,人们就已经知道:月食必发生在望,而且只有当月亮靠近黄白交点时才行。

准确的周期测算:巴比伦人不但对太阳和月亮的运行周期测得很准确,朔望月的误差只有 0.4 秒,近点月的误差只有 3.6 秒,对五大行星的会合周期也测得很准确。

2.2.3　印度

印度人很早就开始了天文历法的研究。在吠陀时代,他们已有不少天文历法知识。那时,他们把一年定为 360 日,分为 12 个月,也有置闰的方法。我国唐朝时,古印度学者后裔瞿昙悉达著有《天元占经》一书。这部书里所介绍的"九执历"是那时印度较先进的历法。

这部历法规定,1 恒星年为 365.2726 日(今测值为 365.256 36 日),1 朔望日为 29.530 583 日(今测值为 29.530 589 日),采用了 19 年 7 闰的置闰方法。

古印度比较著名的天文历史著作,是公元前 6 世纪的《太阳悉檀多》。这部著作讲述了时间的测量、分至点、日月食、行星的运动和测量仪器等许多问题。

这部书成为古印度天文学家著作的范本,它同时还是古印度最重要的数学著作之一,对古印度天文学和数学有很大的影响。

古印度还有一部杰出的天文学著作，是公元前5世纪后期圣使所著的《圣使集》。其中提到天球运动是地球绕地轴旋转而见到的现象，但这一超时代的正确见解，并没有被当时的人接受。在这部天文学著作中，还讨论了日、月和行星的运动，以及推算日月食的方法等。

公元505年，古印度就有了综合性的天文学著作《五大历数全书》。此书是一部汇集了古印度5种最重要的天文学历法的著作。这部书在天文学史上很有参考价值，作者虽没有什么自己的见解，但却把前人的成果阐述得很系统、很清晰。

古印度人在天文历法方面虽然做了许多有意义的工作，但是他们不十分注重实际的天文观测，因此在长时间内都还只有一些比较简单的观测仪器，直至18世纪才在德里等地建立起一些有较为复杂的观测仪器的天文台。

在古印度，不同时代的人对宇宙有着不同的看法。如在吠陀时代，人们认为天地的中央是一座名叫"须弥山"的大山，日、月都绕此山运行，太阳绕行1周即为1昼夜。而《太阳悉檀多》则认为大地是球形，北极是山顶，此山名叫"墨路山"，那是神的住所，日、月和五星的运行是一股宇宙风所驱使，一股更大的宇宙风使所有天体一起旋转。此外，印度著名的天文学家作明（公元1114—?）在他的《历数全书头珠》的著作中，主张地球是靠自身的力量固定于宇宙之中，其上有七重气，分别推动日、月和五星的运行。这时，作明的想法已受到了古希腊人的影响。

2.2.4　小结

由于航海技术的发展，人员、贸易往来增多，学者们也频繁游学、往返于各地，使得这个时期埃及、美索不达米亚、印度与希腊、罗马的宇宙及天文学逐步融汇到一起，而以希腊、罗马的理论学说作为代表，广为流传于后世了。

2.3 希腊、罗马的宇宙及天文学进展

这一时期,希腊、罗马的诸派学者们对于宇宙的结构、构型继续展开激烈地争斗,其中最关键的问题是:宇宙的中心是地球还是太阳？地球是静止的还是运动着的？概括起来,主要有"日心说"和"地心说"等学派。然而,由于生产、科技和社会发展水平的局限,特别是后来教会统治者的需要,地心说占据着正宗、统治地位。

2.3.1 中心火焰说

古希腊爱奥尼亚学派的泰勒斯认为地球是浮在水上的一个扁平圆盘。他的学生第一个明确提出地球是一个球,居于世界的中央。而毕达哥拉斯学派的学者则设想宇宙有一个中心火焰,地球和"对地"这两个天体处与中心火焰的两侧,在不同的同心圆周上运行,太阳则在第三个同心圆上。但是这种中心火焰说遭到了社会实践的驳诘。当时地中海沿岸各地之间的贸易往来日渐频繁,航海所及范围逐渐扩大。迦太基的航海者由地中海向西作了一次有名的航行,使人们的眼界越过了当时被认为是西方边界的直布罗陀海峡。此外,公元前327年亚力山大大帝东征到印度,又使人们的眼界向东直抵印度河流域。地理的地平圈扩大了。可是,即使在这扩大的地平圈上,仍然窥测不到隐藏在地球背面的"对地",也看不到中心火焰。这些事实证明了"对地"及中心火焰是虚构的。毕达哥拉斯学派的中心火焰说失败了,但这毕竟是关于地球布局及运行的第一个推测。

2.3.2 日心说的先驱

公元前4世纪的希腊学者曾提出一项大胆的说法:我们所见的天体圆周式运动,可以假定为地球自转造成的,并认为金星和水星运行轨道的中心是太阳,而不是地球。此理论虽并不正确,却打破了地球不动的既有观念,但当时仍不为人所信,"因为大地稳稳当当、一丝不动的直接感觉似乎与此矛盾"。

另一学者阿里斯塔克则更为激进，被后世天文学家誉为"古代世界的哥白尼"。其理论与哥白尼的日心说有着惊人的相似性：他同样主张太阳与恒星是固定的，地球运行于环绕太阳的轨道上，并且处于这轨道的中部，并以自转来解释天体的每日循环，以公转来解释太阳绕黄道的表现路径。"对于应该产生但没有被观测到的恒星周年视差，阿里斯塔克推测地球轨道半径与地球到恒星的距离相比是微不足道的。"

阿里斯塔克的观点太过前卫，且存在"为什么地球上的天体没有抛后"、"恒星周年视差"等依靠当时技术无法解决的问题。不仅仅他的学说没有被当时天文学界接受，甚至本人都被宗教团体诘难。

著名学者阿基米德曾运用水力制作一座天象仪，球面上有日、月、星辰、五大行星。根据记载，这个天象仪不但运行精确，连何时会发生月食、日食都能加以预测。而晚年的阿基米德也开始怀疑地球中心学说，并猜想地球有可能绕太阳转动。

阿基米德是一位非常杰出的科学家，和雅典时期的其他科学家有着明显不同，他既重视科学的严密性、准确性，要求对每一个问题都进行精确、合乎逻辑的验证；又非常重视科学知识的实际应用。他非常重视试验，亲自动手制作各种仪器和机械。他一生设

阿基米德

计、制造了许多机构和机器。除了杠杆系统外，值得一提的还有举重滑轮、灌地机、扬水机以及军事上用的抛石机等。被称作"阿基米德螺旋"的扬水机至今仍在埃及等地使用。他亲身投入保卫家园的战斗，但不幸被愚昧的敌人杀害，令人无限惋惜。他的"利用浮力原理鉴别金王冠是否掺假的故事"、"利用杠杆可以撬动地球的豪言"至今仍在流传。

他沉迷于研究、创造。他在理论研究，尤其是在数学和天文方面有很多杰出的成果。在数学上，他曾利用"逼近法"算出球面积、球体积、抛物线、椭圆面积，后世的数学家依据这样的"逼近法"，并加以发展成为近代的"微积分"。他

绘画：张京

更研究出螺旋形曲线的性质，现今的"阿基米德螺线"曲线，就是因为纪念他而命名。另外他在《恒河沙数》一书中，创造了一套计大数的方法，简化了计数的方式。

2.3.3 物性论

在这里，特别要提到卓越的罗马诗人、唯物哲学家卢克莱修（公元前96—公元后55年）所著的以《物性论》为题目的一首长诗。全诗7000余行，以日常所见的事物、通俗易懂的词语、优美引人的诗句阐述了他的宇宙基本原理和一般规律。（中文有多个译本）因此，长诗《物性论》的内容可以看作古希腊、罗马在关于宇宙本源问题上，唯物论者做出的综合性总结。

对于宇宙的基本规律，诗人一开头就以大无畏的无神论者姿态出现在世人面前。诗中这样写道：

恐惧所以能够统治亿万众生，

只是因为人们看见大地环宇

有无数他们不懂其原因的事象，

因此以为有神灵操纵其间。

而当我们一朝知道，

无中不能生有，我们就会

更清楚地猜到我们寻求的，

万物由之造成的那些元素，

以及万物的造成如何未借神助。

"无中不能生有"是唯物论诗人得出的第一宇宙规律。宇宙第二规律是自然能够把一切东西分解为原子，而不能把它消灭、归为乌有。这样就从正反两方面阐明了唯物论的基本宇宙规律，其中朴素地孕育着现代科学所公认的物质不灭定律。诗中写道：

然而事实上，既然每一种事物都从

特定的种子里创造出来，那个它从中

出生并进入光明之岸的源头

就是它的质料和原子。

这就是为什么万物不能从万物中出生，

因为每个物体里都蕴藏着它独特的能力，

……

但如果穿越那漫长的时光和过去的年代，

组成并填满我们这个世界的事物

一直存在，那么它们肯定

被赋予了不灭的特性，

因此，万物不可能归于乌有。

卢克莱修在论及原子时，认为宇宙之间除原子和空虚之外别无他物存在。物体看起来是静止的，但组成它的原子却在不断地运动着。诗人用远山放牧的羊群来比喻静止的物体，羊群中每只羊的徐徐行动象征着组成物质的原子运动。这是较近似地比喻原子在物体中运动的一幅何等优美的图画啊！诗文中批判了较重的原子落得较快的错误理论；又正确地说明了物体在水中和稀薄空气中以不同速度下落，是由于物体受到不同程度阻碍的缘故。诗人认为原子的形状可能不同；但不同意有巨大尺寸的原子存在。

卢克莱修在论及宇宙的有限和无限问题上，认为宇宙在它的向前道路上没有一个地方是被限制了的。他设想了一个飞矛实验：假使有人走到宇宙的尽头而掷出矛去，诗人巧妙地问道，飞矛将投射到更远的地方去呢？还是被那里的一堵墙挡住射不出去？因此他断言：空间的无限，即使是闪电以无穷时间疾驰也不能把它穿透。空间的无限性，也就是空间的本性，被诗人用朴素的唯物论和巧妙的比喻说明了。

卢克莱修又论证了物质的无限性。世界是怎样形成的呢？他说：我们的世界不是由于什么心灵的聪明或者像订立契约规定所造成，而是从远古以来物质（原子）遭受冲撞打击，试过了所有各种各样运动和结合之后，终于达到了那些伟大的排列方式。结论是，物质是无限的，运动是永恒的。在论及无限多世界时，诗人认为既有无限多原子在无限的空间里冲撞，就有机会能把世界产生出来。他断言，大地、太阳、月亮、海洋和其他一切，在宇宙中都不是孤单地存在，甚至认为宇宙间的物质在数量上远远超出当时人的计算能力。

在将要结束这首伟大诗篇的时候，诗人再一次以无神论者的声调高唱：

牢记这些，

你就能顿悟，

自然是自由自随，

不受天使们的主宰，

宇宙自己运动，

不烦神仙理睬。

谁能有力量驾驭这不可名数的世界？

哪里有大手能执着这硕大无比的缰和鞭？

谁能够同步同调地旋转天穹？

又谁能煽起天火使大地温暖，

养育出稻、麦、黍、菽无限？

谁能驾风御云使大地顿时昏暗，

驱驰雷霆把自己的庙宇摧残？

霹雳一声又使无辜者遭殃，

逍遥法外的却是坏蛋？

卢克莱修发出一连串的问题，实际上就是对唯心论者的有力批判，对有神论者的尖刻讥讽和无情鞭挞。由于这首不朽的诗篇，马克思赞誉卢克莱修为"朝气蓬勃、叱咤世界的大胆诗人"。

2.3.4　地心说

当时的学者们大都认为各个天体围绕着不动的地球作匀速圆周运动，然而观测中却发现火星存在"留和逆行"，明显不符合匀速圆周运动的原理。一些天文学家企图用圆来"拯救这些现象"。

为此,欧多克斯提供了一个解决方案:同心球叠加模型。"欧多克斯发现,用 3 个球就可以复制出日、月的运动,行星的运动则要用 4 个球。这样,5 大行星加上日、月和恒星天,一共需要 27 个球。"适当限制同心球的旋转轴、球半径与旋转速度,大部分天体运行情况便可以被模拟出来,只是仍有许多较大疏漏。欧多克斯的学说虽然相较于毕达哥拉斯学派主张的地球在运动的学说是后退了一步,但同心圆模式却引导着希帕克斯与托勒密向着更为完整的地心说体系进发。

克罗狄斯·托勒密

公元 2 世纪,克罗狄斯·托勒密在希帕克斯的学说与研究成果基础上,结合自己的观测结果,创建了偏心圆与滚圆的运动体系,用以克服同心圆模型的缺陷,并写出古代西方最详尽、最完整的天文学巨作——《至大论》。此后1500 年内宇宙学取得的最为瑰丽的成就,莫过于托勒密的《至大论》。托勒密将本轮-均轮与偏心圆体系引入,创造了均衡点,将传统的"地心说"转化为"偏

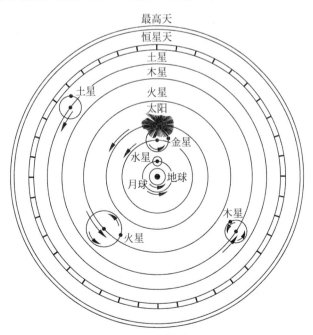

心说"。站在均衡点上的人，可以发现行星在作匀速圆周运动，而事实上它们相对于地球的速度是变化的。托勒密的《至大论》的 1～2 卷是描述地心体系的基本构造，3～13 卷则是在地心体系内讨论诸多天文现象，包括太阳、月球、行星的运动，以及日食、月食的计算方法，恒星和岁差现象。这部天文学的百科全书对地心体系从理论到实际观测都进行了详尽的数学分析，有着极强的接受能力，"能够较好地容纳望远镜出现之前不断出现的新天文观测，所以一直被作为最好的天文学体系，统治西方天文学界一千多年。"

托勒密著有 4 本重要著作：《至大论》、《地理学》、《天文集》和《光学》。13 卷巨著《至大论》直到开普勒的时代，都是天文学家的必读书籍。8 卷《地理学》，是他所绘的世界地图的说明书，其中也讨论到天文学原则。他还著有5 卷《光学》，其中第 1 卷讲述眼与光的关系，第 2 卷说明可见条件、双眼效应，第 3 卷讲平面镜与曲面镜的反射及太阳中午与早晚的视径大小问题，第 5 卷试图找出折射定律，并描述了他的实验，讨论了大气折射现象。此外，尚有年代学和占星学方面的著作等。

托勒密的天体模型之所以能够流行千年，是有它的优点和历史原因的。它的主要特点是：

（1）绕着某一中心作匀速圆周运动，符合当时占主导思想的柏拉图的假设，也适合于亚里士多德的物理学，易于被接受。

（2）用几种圆周轨道的不同组合预言了行星的运动位置，与实际相差很小，相比以前的体系有所改进，还能解释行星的亮度变化。

（3）地球不动的说法，对当时人们的生活是令人安慰的假设，也符合基督教信仰。

在当时的历史条件下，托勒密提出的行星体系学说，是具有进步意义的。首先，它肯定了大地是一个悬空着的没有支柱的球体。其次，从恒星天体上区分出行星和日、月是离我们较近的一群天体，这是把太阳系从众星中识别出来的关键性一步。

托勒密本人声称他的体系并不具有物理真实性，而只是一个计算天体位置的数学方案。至于教会利用和维护地心说,那是托勒密死后的事情了。教会之所以维护地心说,只是想歪曲它以证明教义中描绘的天堂、人间、地狱的图像,如果编纂教义时流行着别的什么学说,说不定教会也会加以利用的。所以,托勒密的宇宙学说同宗教本来并没有什么必然的联系。

2.3.5　历法编制、天象观测、记录和天文测量

公元前 5 世纪,人们已测定了年的长度,并且采用阴阳历。

雅典天文学家默冬创立 19 年 7 闰法,称为"默冬章",确定年长 365.2632 天,朔望月 29.531 92 天。

后又有学者确定年长 365.2467 天,朔望月 29.530 85 天。

到公元前 2 世纪,喜巴恰斯提出年长 365.2467 天,朔望月 29.530 59 天。

天象观测和记录:古希腊时期有彗星记录,但很不完整。喜巴恰斯于公元前 134 年在天蝎座发现一颗新星。他通过观测恒星编制星表,包含有 1080 颗(一说 850 颗)恒星。他把恒星按星等划分为 6 等。他还发现岁差,并以太阳轨道偏心来解释。

天文测量:公元前 3 世纪,有学者测量了日、月大小和距离。方法巧妙,思路很严谨,但测量误差太大。

α 角、日、月、地球大小和距离测定与实际值对比

	测定值	实际值
α 角	$3°$	$10'$
日地距离/月地距离	$(18\sim20):1$	约 $390:1$
太阳直径/地球直径	$(6.33\sim7.33):1$	约 $109:1$

还有学者测定了地球大小。测得塞恩(今阿斯旺)和亚历山大城的距离为地球圆周长的 1/50。两地距离为 5000 希腊里,故地球周长为 25 万希腊里。1 希腊里＝158.5 米,地球周长合 39 625 千米。

测量仪器:喜巴恰斯使用过黄道浑仪。

公历的由来:公元前 6 世纪罗马共和国使用阴阳历,年平均长度 365.25 天。

公元前 1 世纪中期儒略·凯撒大帝改革历法，使用阳历。公元前 46 年颁行。历法取年平均长度 365.25 天。后奥古斯都帝修正了历法，即为现行公历的前身——儒略历。直到公元 1582 年罗马教皇格里高里十三世颁布改历命令，在历法中作了两项改正，并修订年平均长度为 365.2425 天，这就是现行历法——格里历。

2.3.6　小结

古代文明中的宇宙观，无论是"日心说"还是"地心说"，与当今科学界所公认的宇宙学说相比，有着难以弥补的差距。但是，在缺少科学手段的古代，科学家们以高超的智慧和开创精神，在自由、民主、开放、追求真理的氛围下，提出的所有宇宙学理论，都是人类在认识宇宙的历史进程中留下的印迹，有着不可替代的地位。即便是对我们今天而言，古代学者的证实研究方法与创新思维方式都有值得借鉴之处。而任何理论，要经受客观实际的检验，除此之外，别无他法。经不起实践检验和时间考验的，终究是谬误，这是必须时刻牢记的。

参考文献

[1]　陈美东.中国古代天文学思想[M].北京：中国科学技术出版社,2007.

[2]　周成华.先秦文学观止[M].长春：吉林大学出版社,2010.

[3]　杨金适.荀子史话[M].北京：人民出版社,2014.

[4]　张鸿,张分田.王充[M].昆明：云南出版集团公司,2009.

[5]　袁珂.中国神话传说[M].北京：世界图书出版公司,2012.

[6]　许结.张衡评传[M].南京：南京大学出版社,2011.

[7]　范晔.后汉书[M].北京：中华书局,2012.

[8]　雷连城.涞水历史文化辑萃[M].北京：中国文史出版社,2006.

[9]　百度网.古印度天文学[OL].2015-03-14.http://baike.baidu.com/view/26066.htm

［10］ 中国科学技术大学天体物理组.西方宇宙理论评述［M］.北京：科学出版社,1978.

［11］ ［英］罗素.西方哲学史［M］.何兆武,译.北京：商务印书馆,1977.

［12］ ［古罗马］卢克莱修.物性论［M］.方书春,译.北京：译林出版社,2011.

［13］ ［英］约翰·D.巴罗.宇宙之书：从托勒密、爱因斯坦到多重宇宙［M］.李剑龙,译.北京：人民邮电出版社,2013.

［14］ 钮卫星.天文学史［M］.上海：上海交通大学出版社,2011.

3 宇宙及天文学挣脱桎梏迈入科学

这个时期,中国的宇宙及天文学由鼎盛滑向衰落,尽管有杰出的科学家不懈努力,也取得了成就,但是由于政治制度腐朽,压制科技文化,总体上停滞不前。而西方的宇宙及天文学却挣脱了中世纪宗教神学的桎梏,进入了科学的轨道,以哥白尼和牛顿为代表,形成近代宇宙及天文学。后来的"西学东渐",使中西方宇宙及天文学逐步融汇到一起,取代了传统天文学。

3.1 中国的宇宙及天文学从鼎盛滑向衰落

3.1.1 天文历法和测量

自祖冲之的《大明历》后,唐、宋、元、明、清都编制了相应的历法,修正前面历法的偏差,以与天体运行和农时更为吻合。

麟德历:唐高宗麟德二年(公元 665 年)颁行,由李淳风制订。这部历法废除平朔,采用定朔;废除闰周,由观测和统计确定置闰;改正周日视差对交食影响；还简化了计算。

大衍历：唐玄宗开元十五年（公元 727 年）由一行编订。共有历术 7 篇、略例 3 篇、历议 9 篇，阐述编历内容、日月位置和大行星位置、日月食、夜晚所见恒星等。提出"食差"概念及其计算公式。编排方式成为后代典范。

一行（公元 683—727 年），本名张遂，是我国古代杰出的天文学家，也是密宗教理的组织者。

开元九年（公元 721 年），据《麟德历》进行的几次预报日食、月食的时间不准，唐玄宗命一行主持修编新历。从此，一行就开始专门从事天文历法的工作。

开元十一年（公元 723 年），为了测定星体位置的需要，一行与梁令瓒等人制成了黄道游仪、"水运

僧一行

浑天仪"。当时梁令瓒设计了一个黄道游仪，并已经制成了该仪器的木头模型。在一行的支持和领导下，用铜铸造成此仪器。这台仪器既可以用来测定每天太阳在天空中的位置，也可以用来测定月亮和星宿的位置。

同年，一行和梁令瓒等人在继承张衡"水运浑象"理论的基础上又设计制造了"水运浑天仪"。水运浑天仪上刻有二十八宿，通过注水激轮，每天一周，恰恰与天体周日视运动一致。水运浑天仪的一半在水柜里，一半在水柜的上框，齿轮传动，每逢整时则自然撞钟。整个水运浑天仪既能演示日、月、星辰的视运动，又能自动报时。这是世界上最早的计时器，比外国自鸣钟的出现早了 600 多年。

开元十二年（公元 724 年），一行根据修改旧历的需要，又组织领导了我国古代第一次天文大地测量，也是一次史无前例、世界罕见的全国天文大地测量工作。

一行主张在实测的基础上修订历法，在经过几年的天文观测及准备工作后，于开元十三年（公元 725 年）才开始编历。他用两年时间写成历法草稿，并

定名为《大衍历》。

《大衍历》以刘焯的《皇极历》为基础，并进一步发展了《皇极历》。《大衍历》共分为7篇，即步中朔术、步发敛术、步日躔术、步月离术、步轨漏术、步交会术、步五星术。《大衍历》发展了前人岁差的概念，创造性地提出了计算食分的方法，发现了不等间距二次内插法公式、新的二次方程式求和公式，并将古代"齐同术"（通分法则）运用于历法计算。

开元十七年（公元729年），《大衍历》颁布实行，并一直沿用达800年之久。经过验证，《大衍历》比当时已有的其他历法，如祖冲之的《大明历》、刘焯的《皇极历》、李淳风的《麟德历》等要精密、准确得多。《大衍历》作为当时世界上较为先进的历法，相继传入日本、印度，在这两国也沿用近百年，极大地影响了这两个国家的历法。

一行在天文方面也做出了重大贡献，他通过长期的天文观测发现了恒星移动的现象，进一步发现和认识了日、月、星辰的运动规律，废弃了沿用长达800多年的二十八宿距度数据，并在历史上第一次提出了月亮比太阳离地球近的科学论点。

从开元十二年（公元724年）起，一行主持了全国范围内的大规模天文大地测量工作。他在全国选择了12个观测点，并派人实地观测，自己则在长安总体统筹指挥。其中负责在河南进行观测的南宫说等人所测得的数据最科学和有意义。他们选择了经度相同、地势高低相似的4个地方进行设点观测，分别测量了当地的北极星高度，冬至、夏至和春分、秋分四时日影的长度，以及四地间的距离。最后经一行统一计算，得出了南北两地相距351里80步（即现在的129.2千米），北极高度相差1度的结论。虽然这与今天1度对应于111.2千米的测量值相比有较大误差，但这是世界上第一次用科学方法进行的子午线实测，在科学发展史上具有划时代的意义。中国科技史专家李约瑟就曾评价一行组织的子午线长度测量是"科学史上划时代的创举"。

一行在天文历法上所取得的卓越成就在人类文明史上占有重要地位，而且他所重视的实际观测的科学方法，极大地促进了天文学的发展。在他之后，实际观测就成为了历代天文学家从事学术研究时采用的基本方法,引导着学者们译解了一层层的天文奥秘。1000多年后,为纪念这位出色的中国古代天文学家,人们将一颗小行星命名为"一行"。

关于阳历的设想和实践:11世纪末,北宋科学家沈括(公元1031—1095年)在《梦溪笔谈》中提出改阴阳历为阳历的设想。名之曰《十二气历》。

熙宁五年(公元1072年),沈括负责汴河水建设时,还负责领导司天监,先后罢免了六名旧历官。他不计出身,破格推荐精通天文历算、出身平民的淮南人卫朴进入司天监,主持修订新历的重要工作。沈

沈括

括和卫朴治学态度认真,对旧历官凭借演算凑数的修历方法非常不满,主张从观测天象入手,以实测结果作为修订历法的根据。为此,沈括首先研究并改革了浑仪、浮漏和影表等旧式的天文观测仪器。

浑仪是测量天体方位的仪器。经过历代的发展和演变,到了宋朝,浑仪的结构已经变得十分复杂。三重圆环,相互交错,使用起来很不方便。为此,沈括对浑仪作了比较多的改革。他一方面取消了作用不大的白道环,把仪器简化、分工,再借用数学工具把它们之间的关系联系起来;另一方面又提出改变一些环的位置,使它们不挡住观测视线。沈括的这些改革措施为仪器的发展开辟了新的途径。后来元朝郭守敬于元世祖至元十三年(1276年)创制的新式测天仪器——简仪,就是在这个基础上产生的。

漏壶是古代测定时刻的仪器,由几个盛水的容器装置成阶梯的形式,每一容器下侧都有孔,依次往下一容器滴水漏水。最下面的容器没有孔,里面装置有刻着时间标度的"箭",随着滴漏水面升高,"箭"就慢慢浮起,从显露出来的刻度就可以读出时刻。沈括对漏壶也进行了改革。他把曲筒铜漏管改做直颈玉嘴,并且把它的位置移到壶体下部。这样流水更加通畅,壶嘴也坚固耐用多了。

此外,沈括还制造了测日影的圭表,而且改进了测影方法。

他在《浑仪议》、《浮漏议》和《景表议》三篇文章中介绍了自己的研究成果，详细说明了改革仪器的原理，阐发了自己的天文学见解，这在中国天文学史上具有重要的作用。

沈括和卫朴的一系列革新活动遭到守旧势力的攻击和陷害，但在他们的斗争下，卫朴主持修订的奉元历终于在熙宁八年（公元1075年）修成颁行。但是，由于守旧势力的阻挠和破坏，奉元历只施行了18年就被废止了。但是沈括并不因此而灰心，在晚年又进一步提出了用"十二气历"代替原来历法的主张。

中国原来的历法都是阴阳合历，而"十二气历"却是纯粹的阳历。它以十二气作为一年，一年分四季，每季分孟、仲、季三个月，并且按节气定月份，立春那天算一月一日，惊蛰算二月一日，以此类推。大月31天，小月30天，大小月相间，即使有"两小相并"的情况，不过1年只有1次。有"两小相并"的[解释：$(31+30) \times 6 = 366$，$31 \times 5 + 30 \times 7 = 365$，故有两小相并的年份。]，1年共有365天；没有"两小相并"的，1年共366天。这样，每年的天数都很整齐，用不着再设闰月，四季节气都是固定的日期。至于月亮的圆缺，和寒来暑往的季节无关，只要在历书上注明"朔"、"望"就行了。沈括所设计的这个历法是比较科学的，它既符合天体运行的实际，也有利于农业活动的安排。不过，他预见到自己的这一主张必定会遭到守旧派的"怪怒攻骂"、极力阻挠而暂时不能实行，但是他坚信异时必有用予之说者。

物理学方面的成就：《梦溪笔谈》中所记载这方面的见解和成果，涉及力学、光学、磁学、声学等各个领域。在磁学方面，沈括在《梦溪笔谈》中第一次明确地谈到磁针的偏角问题，沈括还最早发现了地理南北极与地磁场的N、S极并不重合，所以水平放置的小磁针指向跟地理的正南北方向之间有一个很小的偏角；在光学方面，他通过观察实验，对小孔成像、凹面镜成像、凹凸镜的放大和缩小作用等作了通俗生动的论述。他对中国古代传下来的所谓"透光镜"（一种在背面能看到正面图案花纹的铜镜）的透光原因也做了一些比较科学的解释，推动了后来对"透光镜"的研究；此外，沈括还用剪纸人在琴上做过实验,研究声学上的共振现象。

此外,沈括在数学、地理学、医药学和军事方面均有很大成就。

1979年7月1日,中国科学院紫金山天文台为了纪念他,将1964年发现的2027号小行星命名为沈括星。

统天历:南宋宁宗庆元五年(公元1199年)颁行,杨忠辅创制。取年长365.2425日。

授时历:元世祖至元十八年(公元1281年)颁行,郭守敬和王恂等创制,是古历中最精良的历法,采用当时最精确的数据。施行最久,历时364年。采用三次差内插法计日、月运动;用类似球面三角方法(弧矢割圆术)作日、月位置的坐标换算;采用百进制简化运算。

郭守敬(公元1231—1316年),元朝著名的天文学家、数学家、水利专家和仪器制造专家。字若思,汉族,顺德邢台(今河北省邢台市邢台县)人。郭守敬曾担任都水监,负责修治元大都至通州的运河。1276年,郭守敬修订新历法,经4年时间制订出了《授时历》。

郭守敬

在《授时历》里,有许多革新创造的成绩。第一,废除了过去许多不合理、不必要的计算方法,例如避免用很复杂的分数来表示1个天文数据的尾数部分,改用十进小数等。第二,创立了几种新的算法,例如三差内插内式及合于球面三角法的计算公式等。第三,总结了前人的成果,使用了一些较进步的数据,例如采用南宋杨忠辅所定的回归年,以一年为365.2425日,与现行公历的平均一年时间长度完全一致。《授时历》是1281年颁行的,而现行公历却是到1852年才由教皇格列高列颁行。《授时历》是我国古代一部很进步的历法。它流传到后世,把许多先进的科学成就传授给后人。这件工作,称得起是郭守敬的一个大功。

郭守敬于公元1276年创制了一种测量天体位置的仪器。该仪器在结构和使用上都比浑仪简单,而且除北极星附近以外,整个天空一览无余,故称简仪。简仪的这种结构，同现代称为"天图式望远镜"的构造基本上是一致的。在欧洲，像这种结构的测天仪器，要到 18 世纪以后才开始从英国流传开来。

郭守敬简仪的刻度分划空前精细。以往的仪器一般只能读到 1 度的 1/4，而简仪却可读到 1 度的 1/36，精密度一下提高了很多。这架仪器一直到清初还保存着，可惜后来被当废铜销毁了。现在只留下一架明朝正统年间（1436—1449）的仿制品，保存在南京紫金山天文台。

郭守敬用这架简仪作了许多精密的观测，其中的两项观测对于新历的编算有重大的意义。

一项是黄道和赤道交角的测定。赤道是指天球的赤道。地球悬空在天球之内，设想地球赤道面向周围伸展出去，和天球边缘相割，割成一个大圆圈，这个圆圈就是天球赤道。黄道就是地球绕太阳作公转的轨道平面延伸出去，和天球相交所得的大圆。天球上黄道和赤道的交角，就是地球赤道面和地球公转轨道面的交角，这是一个天文学基本常数。这个数值从汉朝以来一直认定是 24°，一千多年来始终没有人怀疑过。实际上这个交角年年在不断缩减，只是每年缩减的数值很小，只有半秒，短时间不觉得。可是变化虽小，积累了 1000 多年也会显示出影响。黄、赤道交角数值的精确与否，对其他计算结果的准确与否有很大影响。因此，郭守敬首先对这个沿用了千年的数据进行检查。果然，经他实际测定，当时的黄、赤道交角只有 23°90′。这个是用古代角度制算出的数目。古代把整个圆周分成 365°，1°分作 100 分，用这样的记法来记这个角度就是 23°90′。换成现代通用的 360°制，那就是 23°33′23″.3。根据现代天文学理论推算，当时的这个交角实际应该是 23°31′58″.0。郭守敬测量的角度实际还有 1′25″.3 的误差。不过这样的观测，在郭守敬当年的时代来讲，已是难能可贵的了。

另一项观测就是二十八宿距度的测定。我国古代在测量二十八宿各个星座的距离时，常在各宿中指定某处星为标志，这个星称为"距星"。因为要用距星作标志，所以距星本身的位置一定要定得很精确。从这一宿距星到下一宿距星之间的相距度数叫"距度"，它可以决定这两个距星之间的相对位置。

二十八宿的距离,从汉朝到北宋,一共进行过 5 次测定。它们的精确度是逐次提高的。最后 1 次在宋徽宗崇宁年间(公元 1102—1106 年)进行的观测中,这 28 个距离数值的误差平均为 0°.15,也就是 9′。到郭守敬时,经他测定的数据,误差数值的平均只有 4′.5,比崇宁年间的那一次降低了一半。这也是一个很难得的成绩。

简仪的主要装置是由两个互相垂直的大圆环组成,其中的一个环面平行于地球赤道面,叫做"赤道环"。另一个是直立在赤道环中心的双环,能绕一根金属轴转动,叫做"赤经双环"。双环中间夹着一根装有十字丝装置的窥管,相当于单镜筒望远镜,能绕赤经双环的中心转动。观测时,将窥管对准某颗待测星,然后在赤道环

简仪

和赤经双环的刻度盘上直接读出这颗星星的位置值。有两个支架托着正南北方向的金属轴,支撑着整个观测装置,使这个装置保持着北高南低的形状。这是我国首先发明的赤道装置,要比欧洲人使用的赤道装置早 500 年左右。

在编订新历时,郭守敬提供了不少精确的数据,这是新历得以成功的一个重要原因。

在改历过程中,郭守敬创造了近 20 种仪器和工具。我们再介绍一件郭守敬独创的仪器,来看看他的技术成就。

这件仪器是一个中空的铜制半球面,形状像一口仰天放着的锅,名叫"仰仪"。半球的口上刻着东西南北的方向,半球口上用一纵、一横的两根竿子架着一块小板,板上开一个小孔,孔的位置正好在半球面的球心上。太阳光通过小孔,在球面上投下一个圆形的像,映照在所刻的线格网上,立刻就可以读出太阳在天球上的位置。这样,人们就可以不用眼睛逼视光度极强的太阳本身,就可以看明白太阳的位置,这是很巧妙的。更妙的是,在发生日食时,仰仪面上的日像也相应地发生亏缺。这样,从仰仪上就可以直接观测日食的方向,亏缺部分的多少,以及发生各种食像的时刻等。虽然伊斯兰天文家在古时候就

已经利用日光通过小孔成像的现象观测日食，但他们只是利用一块有洞的板子来观测日面的亏缺，帮助测定各种食像的时刻罢了，还没有像仰仪这样可以直接读出数据的仪器。

郭守敬等人同一位尼泊尔的建筑师合作，在大都（北京）兴建了一座新的天文台，台上安置有郭守敬所创制的那些天文仪器。这是当时世界上设备最完善的天文台之一。

望远镜

由于郭守敬的建议，朝廷派了 14 位天文家，到当时国内 26 个地点（大都不算在内）进行了几项重要的天文观测。在其中的 6 个地点，特别测定了夏至日的表影长度和昼、夜的时间长度。这些观测结果，都为编制全国适用的历法提供了科学的数据。这一次天文观测的规模之大，在世界天文学史上也是少见的。

公元 1279 年（己卯年），郭守敬奉旨进行"四海测验"，在南海的测量点就在中国黄岩岛。

后来，郭守敬升为太史令。在以后的几年间，他又继续进行天文观测，并且陆续地把自己制造天文仪器、观测天象的经验和结果等极宝贵的知识编写成书。他写的天文学著作共有百余卷之多。然而封建帝王元世祖虽然支持了改历的工作，却并不愿让真正的科学知识流传到民间去，他把郭守敬的天文著作统统锁在了深宫秘府之中。封建的专制，使那些宝贵的科学遗产几乎全都被埋没了，使我国的宇宙及天文学逐步由鼎盛滑向衰落，这是多么令人痛惜的事。

1981 年，为纪念郭守敬诞辰 750 周年，国际天文学联合会以他的名字为月球上的一座环形山命名，并将 2012 号小行星命名为"郭守敬"。

河南登封至今仍保留有郭守敬所建的观星台。

《崇祯历书》和《西洋新历书》与时宪历：

明崇祯二年（公元 1629 年）徐光启组织历局，聘请西洋传教士罗雅各、汤若望等参加编译，崇祯七年编成。《崇祯历书》采用第谷宇宙体系和几何学的计算系统,引入地理经纬度,应用球面三角学,采用通行的角度和时间度量单位制。开始与西方宇宙及天文学进行融合。

清顺治元年(公元 1644 年)汤若望将此书更名为《西洋新法历书》,他也同时被任命为钦天监监正,编成的时宪历完全采用定朔和定气。

徐光启(公元 1562—1633 年),字子先,号玄扈,教名 Paul(保罗),汉族,松江府上海县人,中国明末的数学家、科学家、农学家、政治家、军事家。官至礼部尚书、文渊阁大学士,是中西文化交流的先驱之一。徐光启在天文学上的成就主要是主持历法的修订和《崇祯历书》的编译。

徐光启

编制历法,在中国古代是关系到"授民以时"的大事,为历代王朝所重视。由于中国古代数学历来以实际计算见长,重视和历法编制之间的关系,因此中国古代历法的准确程度是比较高的。但是到了明末,却明显地呈现出落后的状态。一方面是由于西欧的天文学此时有了飞速进步,另一方面则是明王朝长期执行不准私习天文,严禁民间研制历法政策的结果。封建专制严重阻碍了科学技术的发展。明代施行的《大统历》,实际上就是元代《授时历》的继续,日久天长,已严重不准。据《明史·历志》记载,自成化(公元 1481 年)年间开始,陆续有人建议修改历法,但建议者不是被治罪便是以"古法未可轻变"、"祖制不可改"为由遭到拒绝。万历三十八年(公元 1610 年)11 月发生的日食,司天监再次预报错误。徐光启以西法推算最为精密,礼部奏请开设历局。以徐光启督修历法,改历工作终于走上正轨。但后来清朝入主中原,改历工作在明代实际并未完成。

《崇祯历书》的编译,自崇祯四年(公元 1631 年)起直至十一年(公元 1638 年),才编译完成。全书 46 种、137 卷,是分五次进呈的。前三次乃是徐光启亲自进呈(23 种、75 卷),后两次都是徐光启死后由李天经进呈的。其中第四次是徐光启亲手订正(13 种、30 卷),第五次则是徐氏"手订及半"最后由李天经完成的(10 种、32 卷)。

《崇祯历书》采用的是第谷体系。这个体系认为地球仍是太阳系的中心，日、月和诸恒星均作绕地运动，而五星则作绕日运动。这比传教士刚刚到达中国时由利玛窦所介绍的托勒密体系稍有进步，但对于当时西方已经出现的更为科学的哥白尼体系，传教士则未予介绍。《崇祯历书》仍然用本轮、均轮等一套相互关联的圆运动来描述和计算日、月、五星的疾、迟、顺、逆、留、合等现象。对当时西方已有的更为先进的行星三大定律（开普勒三定律），传教士也未予介绍。尽管如此，按西法推算的日、月食精确程度已较中国传统的《大统历》更高。此外《崇祯历书》还引入了大地为球形的思想，大地经纬度的计算及球面三角法，区别了太阳近（远）地点和冬（夏）至点的不同，采用了蒙气差修正数值。他为中国天文界引进了星等的概念；根据第谷星表和中国传统星表，提供了第一个全天性星图，成为清代星表的基础。

徐光启在数学方面也取得杰出成就，概括地说，有三个方面，即：

（1）论述了中国数学在明代落后的原因；

（2）论述了数学应用的广泛性；

（3）与意大利传教士利玛窦一起翻译并出版了《几何原本》。

然而，明朝时《几何原本》并没有得到重视，致使徐光启逝世后《几何原本》迟迟不能继续翻译完成，以至于被埋没。后来明朝灭亡，清统治者对此书并不关注。康熙皇帝虽然重视西学，但是很可惜《几何原本》这样重要的著作还是没用到，没能完成徐光启的遗愿。再次看出封建专制制度的落后对科学文化的阻碍作用。

3.1.2　宇宙观念和思想

唐宋学者们的宇宙思想也很有见解。

沈括认为"天地之变，寒暑风雨，水旱螟蝗，率皆有法"，并指出，"阳顺阴逆之理，皆有所从来，得之自然，非意之所配也"。就是说，自然界事物的变化都是有规律的，而且这些规律是客观存在的，是不以人们的意志为转移的。他还认为事物的变化规律有正常变化和异常变化之分，不能拘泥于固定不变的规则。正是这些比较正确的思想观点,促使他取得了那个时代在科学技术方面达到的高度成就。沈括提出已知的知识是有限的,人的认识是无限的观点,对科学的发展产生了较大的影响。

"天"是什么?按照神秘哲学的看法,"天"是神灵、上帝,宇宙间的一切是上帝神灵创造的。

柳宗元(公元773—819年),唐代文学家,学者,从元气一元论的自然哲学观出发,彻底否定了上帝神灵说。他在《天对》中的回答是:"黑晰眇,往来屯屯,庞昧革化,惟元气存,而何为焉!"柳宗元认为,日月昼夜,交替运行,永不停息,宇宙从蒙昧混沌的状态变化发展产生万物,只是因为有"元气"存在的缘故,哪里是由谁造成的呢?在他眼里,"天"是自营自成的自然界,是宇宙,不是虚无缥缈的神;"天"是物的天,是客观存在的天,没有意识和感知;"天"并不是谁经营创造的,而是由元气的无限积聚而形成的;元气是一切自然现象发生之源,一切自然现象统一于元气。这一思想从根本上否认了造物主的存在,坚持了世界的物质性,表明了鲜明的无神论立场。

南宋思想家朱熹则从哲学体系范畴论述了他的宇宙思想。他认为:天地初间,只是阴阳之气。这一箇气运行,磨来磨去,磨得急了,便拶许多渣滓,里面无处出,便结成个地在中央。气之清者便为天,为日月,为星辰,只在外周环运转。地便只在中央不动,不是在下。

柳宗元

朱熹

　　朱熹（公元 1130—1200 年）是南宋著名的理学家、思想家、哲学家、教育家、诗人，闽学派的代表人物，世人尊称"朱子"。他曾先后在庐山建立"白鹿洞书院"，在武夷山修建"武夷精舍"，在岳麓山修建"岳麓书院"进行讲学。而武夷山被列入世界文化及自然双重遗产，朱子的文化讲学是个重要因素。他继承儒家，兼采释、道各家思想，形成了一个庞大的哲学体系，其中就包含着他的宇宙观念和思想。这一体系的核心范畴是"理"，或称"道"、"太极"。朱熹所谓的"理"，有几方面互相联系的含义：①"理"是先于自然现象和社会现象的形而上者。他认为"理"比"气"更根本，逻辑上"理"先于"气"；同时，"气"有变化的能动性，"理"不能离开"气"。②"理"是事物的规律。③"理"是伦理道德的基本准则。④"理"在人身上就是人性。朱熹又称"理"为"太极"，是天地万物之"理"的总体，即总万物的那个"理"。"太极"既包括万物之"理"，万物便可分别体现整个"太极"。这便是人人有一"太极"，物物有一"太极"。每一个人和物都以抽象的"理"作为它存在的根据，每一个人和物都具有完整的"理"，即"理一"。"气"是朱熹体系中仅次于"理"的第二个范畴。它是形而下者，是有情、有状、有迹的；它具有凝聚、造作等特性。它是铸成万物的质料。天下万物都是"理"和质料相统一的产物。朱熹认为"理"和"气"的关系有主有次。"理"生"气"并寓于"气"中，"理"为主，为先，是第一性的；"气"为客，为后，属第二性。

　　朱熹不信鬼神，不相信世间万物是由鬼神主宰的，更不相信冥冥之中是有定数的。他认为逢事在人为，没有人不可以做到的事情。

　　动静观：朱熹主张"理"依"气"而生物，并从"气"展开了一分为二、动静不息的生物运动，这便是一"气"分做二"气"，动的是阳，静的是阴，又分做五行（金、木、水、火、土），散为万物。一分为二是从"气"分化为物过程中的重要运动形态。朱熹认为由对立统一，而使事物变化无穷。他探讨了事物的成因，把运动和静止看成是一个无限连续的过程。时空的无限性又说明了动静的无限性，动静又是不可分的。这表现了朱熹思想的辩证法观点。朱熹还认为动静不但相对待、相排斥，并且相互统一。他还论述了运动的相对稳定和显著变动这两种形态，他称之为"变"与"化"。他认为渐化中渗透着顿变，顿变中渗透着渐化。渐化积累，达到顿变。

格物致知论：朱熹用"致知在格物"的命题，探讨认识领域中的理论问题。"格物致知"是他认识论的核心，把道德看作天道的体现。即通过道德修养，追求"至诚"的境界，以感应天地，达到"天人合一"。在认识来源问题上，朱熹既讲人生而有知的先验论，也不否认见闻之知。他强调穷理离不得格物，即格物才能穷其理。朱熹探讨了"知""行"关系。他认为"知"先"行"后，"行"重"知"轻。从知识来源上说，"知"在先；从社会效果上看，"行"为重。而且"知""行"互发，"知之愈明，则行之愈笃；行之愈笃，则知之益明"。

从此，朱熹开始建立自己的一套客观唯心主义思想——理学。朱熹认为在超现实、超社会之上存在一种标准，它是人们一切行为的标准，即"天理"。只有去发现（格物穷理）和遵循天理，而破坏和谐的是"人欲"。因此，他提出"存天理，灭人欲"。这就是朱熹客观唯心主义思想的核心。淳熙三年（1176年），朱熹与当时著名学者陆九渊相会于江西上饶鹅湖寺，交流思想。但陆属主观唯心论，他认为人们心中先天存在着善良，主张"发明本心"，即要求人们自己在心中去发现美好事物，达到自我完善。这与朱的客观唯心说的主张不同。因此，二人辩论争持，以至互相嘲讽，不欢而散。这就是中国思想史上有名的"鹅湖会"。从此有了"理学"与"心学"两大派别。

朱熹的《朱子家训》："勿以善小而不为，勿以恶小而为之。人有恶，则掩之；人有善，则扬之。处世无私仇，治家无私法。勿损人而利己，勿妒贤而嫉能。勿称忿而报横逆，勿非礼而害物命。见不义之财勿取，遇合理之事则从。诗书不可不读，礼义不可不知。子孙不可不教，童仆不可不恤。斯文不可不敬，患难不可不扶。守我之分者，礼也；听我之命者，天也。人能如是，天必相之。此乃日用常行之道，若衣服之于身体，饮食之于口腹，不可一日无也，可不慎哉！"（节选自《紫阳朱氏宗普》）

他的学说，不仅成为中国的国学，而且从14世纪开始，就已经相继流传于日本、朝鲜等东南亚诸国。朝鲜李氏王朝非常推崇朱子学说，而日本从德川幕府时代起，就以朱熹的学说为官学了。他的学说对我国封建社会的历史发展影响很大，以致后来的康熙皇帝都称朱熹为："集大成而绪千百年绝传之学，开愚蒙而立亿万世一定之归。"

朱熹虽然认为"天理为义，人欲为利"，但并不一概反对功利。他的基本态度与孔子一样，是重义轻利，以公利至上。希望人们要"见利思义"，甚至"舍生取义"。他还发挥了孟子的思想，把"明人伦"称作"明义理以修其身"，继而做到"修身、齐家、治国、平天下"。

以上介绍了古代大学者朱熹的宇宙思想和理学，这是历史的一段过程。对于我们今天，应该是取其精华，去其糟粕，这才是正确的。

王夫之　　　　　黄宗羲　　　　　顾炎武

王夫之（公元 1619—1692 年），汉族，字而农，号姜斋，生于今衡阳市雁峰区，明末清初伟大的思想家、文学家、史学家兼美学家。王夫之学识极其渊博，经学、子学、史学、文学、政法、伦理等各门学术，造诣无不精深，天文、历数、医理、兵法乃至卜筮、星象，亦旁涉兼通，且留心当时传入的"西学"。

他认为，整个宇宙除了"气"，更无他物。他还指出"气"只有聚散、往来，而没有增减、生灭。所谓有无、虚实等，都只是"气"的聚散、往来、屈伸的运动形态。按当时科学发展水平，他举例论证了"气"的永恒不灭性，认为这种永恒无限的"气"乃是一种实体；并提出"太虚，一实者也"、"充满两间，皆一实之府"等命题，力图对物质世界最根本的属性进行更高的哲学抽象。他把"诚"训为

"实有"，以真实无妄的"实有"来概括物质世界的最一般属性。他还认为，客观世界万事万物的本质和现象都是客观实在的，"从其用而知其体之有"、"日观化而渐得其原"，可以通过认识各种物质现象而概括出它们的共同本质。从而否定了唯心主义空无本体的虚构。

在"理"与"气"的关系问题上，王夫之坚持"理依于气"的气本论，驳斥了以"理"为本的观点。他强调"气"是阴阳变化的实体，"理"乃是变化过程所呈现出的规律性。"理"是气之"理"，"理"外没有虚托孤立的"理"。从而批判了周敦颐、朱熹等所坚持的"气"外求"理"的唯心主义理论。王夫之结合对"统心、性、天于理"的客观唯心主义体系的批判，强调指出："盖言心言性，言天言理，俱必在气上说，若无气处，则俱无也。"明确地坚持了唯物主义的气本论。提出"理即气之理，而后天为理之义始成"，有力地批判了宋明理学的"理在气先"、"理在事先"，即精神先于物质存在的唯心论，否认了离开物质运动而独立存在的客体精神——理。他发展了"理也顺而不妄"的观点，说明了"理"不仅在"气"中，而且是"气"的运动变化，有它的"必然"——规律性。

王夫之坚持"无其器则无其道"、"尽器则道在其中"的唯物主义道器观，系统地驳斥了割裂、颠倒"道""器"关系的唯心主义思想。他给传统"道"与"器"范畴以新的解释，认为"形而上"的"道"与"形而下"的"器"所标志的一般（共同本质、普遍规律）和个别（具体事物及其特殊规律），两者是"统此一物"的两个方面，是不能分离的。他提出"天下惟器而已矣"的命题，肯定宇宙间一切事物都是具体的存在，任何具体事物都具有特殊本质，又具有同类事物的共同本质，"道者器之道"，一般只能在个别中存在，只能通过个别而存在，"终无有虚悬孤致之道"。犹如没有车马便没有御道，没有牢醴、璧币、钟磬、管弦便没有礼乐之道一样。他明确指出，在"器"之外、"器"之先安置一个"无形之上"的精神本体，乃是一种谬说。他通过论证"道"对于"器"的依存性，得出了"据器而道存，离器而道毁"的结论，驳斥了"理在事先"、"道本器末"的观点。

王夫之对"道""器"关系作了新的发展。他说："据器而道存，离器而道毁"。所谓"器"，就是指客观存在的各种具体物质，所谓"道"是具体事物的规律；没有事物，运动的规律就是不存在的，所以"道不离器"。还认为，"无其器则无其道"，即没有事物就没有事物的规律，只能说规律是事物的规律，而绝不能说事物是规律的事物。总之，当有某种事物的时候才会有关于它的原则、道理和规律。同时还认为，随着"器日尽，而道愈明"，意思是说，随着事物向前发展，它所表现的规律也就愈明显了。他的"道不离器"的观点，坚持了物质第一性，精神第二性的唯物主义观点。

在"知""行"关系问题上，他力图全面清算"离行以为知"的认识路线，注意总结不同学派长期争鸣的思想成果，在理论上强调"行"在认识过程中的主导地位，得出了"行可兼知，而知不可兼行"的重要结论。他以"知"源于"行"、力"行"而后有真知为根据，论证"行"是"知"的基础和动力、"行"包括"知"、统率"知"。同时，他仍强调"知行相资以为用"。王夫之进一步提出"知之尽，则实践之"的命题，认为"可竭者天也，竭之者人也。人有可竭之成能，故天之所死，犹将生之；天之所愚，犹将哲之；天之所无，犹将有之；天之所乱，犹将治之"。人可以在改造自然、社会和自我的实践中，发挥重大作用。这种富于进取精神的朴素实践观，是王夫之认识论的精华，为其唯物主义体系奠定了基础。

王夫之以唯物主义自然观去观察历史，提出"理"、"势"统一的历史观。他把历史发展的客观过程和必然趋势，叫做"势"，把历史发展的规律性叫做"理"，提出了"于势之必然处见理"的观点，即人们必须从"势之必然处"认识历史发展的必然规律。他还进一步提出，历史既然有"理"和"势"，治天下就必须要"循理"、"乘势"，按照客观规律办事。因此，他强调，历史发展不能凭主观意志，而必须遵守历史发展的客观规律。同时，他还重视人的能动作用。他认为，从一种客观可能性变为社会现实，必须通过人的有目的的活动。

在发展观方面，王夫之综合以往丰富的认识成果，并对自己所面对的复杂的社会矛盾运动进行哲学概括，对中国古代辩证法的理论发展做出了重要贡献。

王夫之与宋明以来流行的主静说相对立，而坚持主动论，提出"物动而已"、"动以入动，不息不滞"、"天地之气，恒生于动而不生于静"，把自然界看作永恒运动化生着的物质过程。他否定了周敦颐、朱熹所宣扬的"太极动静而生阴阳"的观点,指出:"动而生阳,动之动也,静而生阴,动之静也,废然无动而静,阴恶从生哉"。说明运动是物质世界所固有的,否定从气以外寻找事物运动原因的外因论。他针对"静为躁君"、"静非对动"的动静观,明确肯定"静由动得"而"动静皆动"。但他并不否认静止的意义和作用,以为相对的静止是万物得以形成的必要条件。阳变阴合的运动过程本身包含着动静两态:绝对的动,相对的静。这样,否定了主静说,又批判了割裂动静的各种形而上学的运动观,更深一层地阐述了动静两者的辩证联系。

王夫之强调"天地之化日新",把荣枯代谢、推移吐纳看作是宇宙的根本法则。他认为任何生命体都经历着胚胎、流荡、灌注、衰减、散灭诸阶段,前三者是生长过程,后二者是衰亡过程,而就在"衰减"、"散灭"过程中已经孕育"推故而别致其新"的契机,旧事物的死亡准备了新事物诞生的条件,"由致新而言之,则死亦生之大造矣"。这种变化发展观,有一定的理论深度,并富于革新精神。

王夫之把事物运动变化的原因,明确地归结为事物内部的矛盾性,认为"万殊之生,因乎二气"。他在"一物两体"学说的基础上开展了他的矛盾观,提出"乾坤并建"、"阴阳不孤行于天地之间",肯定矛盾的普遍性。对于矛盾着的对立面之间的关系,他进一步分析指出,任何矛盾都是相反相成的,一方面"必相反而相为仇",这是排斥关系;另一方面"相反而固会其通",这是同一关系。这两重关系,不可分割,"合二以一者,就分一为二之所固有"。但他更强调"由两而见一",认为矛盾双方绝非截然分开,而是"反者有不反者存"。按他的分析,"阴阳者,恒通而未必相薄,薄者其不常矣"。矛盾双方互相逼迫、激烈搏斗的状态是"反常"的,而互相联合、贯通,保持同一性状态才是"正常"的。在他看来矛盾是相互转化的,有时会发生突变,但在更多的情况下,转化是在不断往复、消长中保持某种动态平衡而实现的。

王夫之的辩证发展观,尤其是他的矛盾学说,具有重要的理论价值,但他过分强调矛盾的同一性,则是有局限性的。

王夫之在物质运动问题上，认识到物质运动的绝对性，批判形而上学不变论。他说："天下之变万千，而要归于两端。"意思是说，世界变化无穷无尽，究其原因，是由于气中存在着两端。"两端"就是事物存在的两个方面，比如阴和阳、刚和柔、动和静、聚和散等。任何一个事物都包含着这"两端"。他认为静与动的关系是辩证的，他说："静者静动，非不动也"、"方动即静，方静施动，静即含动，动不舍静"。这就是说，动是绝对的，静是相对的，如江河之水，表面看来似乎古今一样，其实今水已非古水。他认为"天地万物，恒生于动而不生于静"，他还阐述了"道日新"、"质日代"的发展变化观点。他说："天地生物，其化不息"，是说事物是永远发展变化的，不可能"废然而止"。他还修正了"日月之形，万古不变"的观点。

黄宗羲（公元 1610—1695 年）是明末清初经学家、史学家、思想家、地理学家、天文历算学家、教育家，汉族，浙江绍兴府余姚县人，字太冲，一字德冰，号南雷。他反对"理在气先"的理论，认为"理"并不是客观存在的物质实体，而是"气"的运动规律，认为"气质人心是浑然流行之体，公共之物也"，具有唯物论的特色。"盈天地皆心也"的观点又有唯心论的倾向，是一种混合的宇宙观念。黄宗羲的政治思想是近代民主思想，在民权理论上已超越了欧洲的卢梭。

顾炎武（公元 1613—1682 年），汉族，著名思想家、史学家、语言学家，与黄宗羲、王夫之并称为明末清初三大思想家。现江苏省昆山市人，本名绛，字忠清。他所提出的"天下兴亡，匹夫有责"这一口号，意义和影响深远，成为激励中华民族奋进的精神力量。在顾炎武的一生中，也确实是以"天下为己任"而奔波于大江南北。即使他在病中，还在呼吁"天生豪杰，必有所任。……今日者，拯斯人于涂炭，为万世开太平，此吾辈之任也"。他提倡经世致用，反对空谈，注意广求证据，提出"君子为学，以明道也，以救世也。徒以诗文而已，所谓雕虫篆刻，亦何益哉？""能于政事诸端切实发挥其利弊，可谓内圣外王体用兼备之学"，"礼义廉耻，是谓四维"，"不廉则无所不取，不耻则无所不为"。这些至理名言我们应时时谨记。

3.1.3　世界上的首次航天实践

古时的火箭是将火药装在纸筒里，然后点燃，发射出去。起初只是用于过年、过节放烟火时使用，是我国首先发明的。到了 13 世纪，人们把火箭用作战争武器，后来后传入了欧洲。

第一个想到利用火箭飞天的人是我们中国人——明朝的万户。

传说中第一个使用火箭的人——万户

美国火箭学家赫伯特·S.基姆在 1945 年出版的《火箭和喷气发动机》一书中提到，"约当 14 世纪之末，有一位中国的官吏，官职为万户，但其姓名没有明文记载，因此后人也把他叫做万户了。他在一把座椅的背后，装上 47 枚当时能买到的最大火箭。他把自己捆绑在椅子的前边，两只手各拿一个大风筝，然后叫他的仆人同时点燃 47 枚大火箭，其目的是想借火箭向上推进的力量，加上风筝上升的力量飞向上方。他的目标是月亮！"

关于明朝人万户的故事，我国古代的文献资料虽然记述不多，但当时的场景在 600 多年后的今天看来，仍是那样的惊心动魄、令人赞叹。据记载，万户是明朝初期人，原来是一个木匠。由于他喜欢钻研技巧，尤其是对技术发明方面特别痴迷，所以从军后改进过不少当时军队里的刀枪车船。

万户的本领是在明王朝同瓦剌的战事中被发现的。同样对兵器制造很有研究的明朝大将军班背认为，正是因为万户对武器的改良才使得战争取得根本胜利，所以奏请朝廷让万户到兵器局供职。当时，中国四大发明之一的火药已经在军事上初露锋芒，所以万户的前途本该是一片光明的。

但可惜的是，和万户相交甚好的班背将军性情耿直，从不趋炎附势，因得罪右中郎李广太等奸臣而被革职，并幽禁在拒马河上游的深山鬼谷中。为了从深山里营救出好友班背将军，聪明的万户决定造一只"飞鸟"。但由于其他因素，将军被政敌杀害，救人的计划落空。失去了知己的万户这个时候厌恶了官场和人世间的生活，于是他开始谋划着逃离是非官场和人间，决定到月球上去生活。

在那个人类对自然界认识受到很大局限的特殊时代，木匠出身的万户甚至做出了一份很详尽的科学理论计算报告，他认为按照当时的火箭技术，再加之风筝原理的帮助，他一定能在一个时间段内飞到月亮上去。在这个理想主义者的思维世界里，月亮上是没有人心险恶的……

为了实现自己的意愿，同时也是为了实现将军班背的遗愿，万户开始潜心研究将军遗留下来的《火箭书》，并用自己的知识给予完善。他造出了各种各样的火箭，然后画出飞鸟的图形，众匠人按图制造出了飞鸟……

在一个月明如盘的夜晚，万户带着人来到一座高山上。他们将一只巨大的"飞鸟"放在山头上，"鸟头"正对着明月……万户拿起风筝坐在"鸟背"上的驾驶座位——椅子上。他先点燃"鸟尾"引线，一瞬间，火箭尾部喷火，"飞鸟"离开山头向前冲去。接着万户的两只脚下也喷出火焰，"飞鸟"随即又冲向半空。

但不幸的是，后来人们在远处的山脚下发现了万户的尸体和"飞鸟"的残骸……这个故事后来被记载为"万户飞天"。万户虽然失败了，但他借助火箭推力升空的创想是世界上第一个，因此他被世界公认为"真正的航天始祖"，为了纪念这位世界航天始祖，20 世纪 70 年代，国际天文学联合会将月球背面一座环形山命名为"Wan Hoo"（"万户"）。

3.1.4 小结

这一时期中国的宇宙及天文学在以一行、沈括和郭守敬为代表的科学、技术工作者的奋力实践下达到鼎盛，取得了巨大成就；宇宙思想及观念也在以王充、朱熹、王夫之和顾炎武为代表的学者勤奋开拓下颇有建树，但没有形成理论体系。然而，在封建专制、腐败制度的束缚下，它们却逐步滑向衰落，以致落后于西方。一些觉醒的人，在来华传教士的帮助下，开始向西方学习。但受到的阻力很大，收效甚微。

3.2 西方的宇宙及天文学挣脱桎梏，走入科学轨道

3.2.1 中世纪的宗教神学扼杀宇宙及天文学的发展

公元 4、5 世纪间，欧洲的封建社会开始建立。之后，又一直延续了大约1000 多年，史称"中世纪"。中世纪欧洲社会的特点是政教合一，教廷、教宗掌握绝对权力，不但统治社会百姓，还要控制人的思想。要让人们信仰、膜拜他们宣扬的那一套。宗教神学思想成为占统治地位的正统思想。宗教神学在认识论上主张精神第一、上帝（天主）万能，因而强烈反对科学和一切不同的思想。在此期间，西罗马主教奥古斯丁提出哲学应服务于神学、理性应服从信仰的观点。他对基督教教义的布道和信仰成为了中世纪早期的文化基础。他也借用柏拉图的哲学，企图来阐明基督教教义。他的言论很有影响，一直到公元1200 年还广为引用，比如灵魂为"圣光"所照耀，灵魂领悟存在于上帝的万物"永恒意志"等，甚至自然科学家也深受影响。12 世纪有位研究光学的英国物理学家曾探究虹的成因，并在作出虹是阳光在云层中发生折射的科学解释的同时，还在创立和奥古斯丁"永恒意志"、"圣光"之类谬说相一致的、形而上学的光学理论。由此可以看出，奥古斯丁的神学影响之广远。5 世纪以后，欧洲人连希腊哲学家的名字都不知道，诵读的都是神学家的经书，论证的都是圣经

中上帝创造世界的奇迹，信奉的都是主教奥古斯丁和教父的神学说教，把"正因为荒谬，我才相信"奉为信条。有的人甚至把地圆说也列为异端，无知地讥讽说："如果地是圆的，就会有部分人头在下，脚朝上。在那里雨雪由下而升，田野、海洋、城镇、山岳不用绳子悬挂也不落下，简直比巴比伦的空中花园还神奇。"

中世纪的欧洲产生了有代表性的经院哲学，又称"僧侣主义"，阿奎那（1225—1274）是其代表人物。他有句名言："哲学是神学的婢女。"在他的神学里，上帝至上、精神第一，万能的上帝创造了宇宙一切。即真理不靠感性认识，也不靠理性认识，而是靠对上帝的信仰，靠上帝给的"天启"。也就是说，人的正确思想不是从实践中来的，而是完全靠上帝的恩赐得来的。这正是纯粹的先验论。正因为如此，阿奎那的形而上学神学体系成了罗马教廷的官方哲学。

12世纪中叶，古希腊学者亚里士多德著作的阿拉伯译本从西班牙传入法国后，又有其他古希腊学者的著作译本，相继被转译成拉丁文。阿奎那和他的老师还要求把一些著作直接从希腊文译过来。这些经院哲学家们似乎急于要学习希腊哲学。但事实上，阿奎那之辈偷窃并歪曲了亚里士多德书中的一部分，企图以亚里士多德的话来论证天主教义，使哲学匍匐在神台之下，充当神学的奴仆。他们还把托勒密体系和天主教教义相结合，随心所欲地引证托勒密的话来为其神学服务。

从公元前直到公元后的一段时间中，由于天文观测水平的限制，亚里士多德—托勒密的地心说体系尚能符合那时的天文观测情况，在当时的生产实践上起到一定作用。但进入中世纪后，该体系为宗教神学所窃取和篡改之后，地心说的宇宙理论就彻底变成了为神学服务的僧侣主义，充当了中世纪政教合一的统治集团的帮凶。对于前后两个时期中亚里士多德—托勒密体系所起的作用是根本不能等量齐观的。可以说，到了中世纪，从古代开始的关于宇宙结构的争论，就以披着亚里士多德—托勒密体系外衣的宗教神学获得全面统治，而暂时告一段落。

在宗教神学的严重影响下，14 世纪左右盛行的宇宙结构是怎样的呢？大地的下面是地狱，是囚禁有罪之人的地方。炼狱耸立于大海之上的高峰上，人的灵魂必须爬过七层炼狱以求赎罪；然后才是天上的乐园，即天堂。宗教的"圣地"耶路撒冷则居于大地的中央。这就是中世纪黑暗时期，宗教用以愚弄人们的荒谬的宇宙图景。

宗教神学和经院哲学对宇宙及天文学的停滞起了主要作用，占星术转向迷信、滑入歧途，也起到了不好的作用。其实应该说，占星术对古代天文学的发展也有一定的促进作用。为了进行星占，人们注意观测天象，并留下了丰富的天象记载。但后来，西方的占星术逐渐发展到对个人进行星占。例如，根据一个人诞生时日、月、五星在黄道十二宫中的位置，推算"算命天宫图"，以占卜个人一生的命运。占星术牵强附会地把天象与人事联系在一起，有些国王还把占星学家视为高参，往往请他们根据星象占卜来确定对重大政治、军事事件的决策，这就毫无科学可谈了。

3.2.2 复兴的前奏

进步、科学的思想和正确的观点是不会屈服的。公元 13 世纪，英国有个革新派教徒罗杰·培根（约 1214—1293），是个具有唯物主义倾向的哲学家和自然科学家，著名的唯名论者，实验科学的前驱。他具有广博的知识，素有"奇异的博士"之称。他怀疑推理演绎法，坚持以实验来验证的可靠性，对光性质和虹的研究颇有独到之处，他还绘制了眼镜的制作原理，阐述了反射、折射、球面光差的原理和机械推动船只和车辆的原理。他利用镜子和透镜在炼金术、天文学与光学中进行实验，是第一位讲述如何制造弹药的欧洲人。他对经院哲学进行批判，反对经院式、教义式的盲目信仰，认为只有实验科学才能"造福人类"，对宇宙理论和科学进展起了促进作用。

培根把自然界作为哲学研究的主要对象，并强调知识最根本的来源是经验。他说，"认识"有 3 种方法：权威、判断和实验。权威必须通过理智来判断，而判断又必须通过实验才能证实是真理，所以人类认识的道路"是从感官知识到理性"，"没有经验就不能充分认识任何事物"。他严厉地斥责对权威的盲目崇拜，以及经院哲学家的因循守旧、不学无术和空洞烦琐的论证，认为这是认识真理的四大障碍。在宗教神学占绝对统治地位的中世纪，这些思想体现出他的勇敢战斗精神。他公然怀疑旧约全书上的话，声称圣经上的话要以科学来证明后才能相信。他也因此触犯了教廷，晚年一直被禁锢在监狱里。不过罗杰·培根和神学的对抗只是一场大风暴的前奏。

培根的这些观点并不彻底。他曾宣称科学研究得越充分，就越能论证神学，认为"神圣的启示"和"内在的启发"也属经验之列，并且是"认识"的更好的途径。这是历史条件和他个人的宗教生活在他身上打下的思想烙印。

欧洲的中世纪是个"黑暗的时代"。基督教教会建立了一套严格的等级制度，把上帝当作绝对的权威。文学、艺术、哲学一切都得遵照基督教的经典——《圣经》的教义，谁都不可违背，否则宗教法庭就要对他制裁，甚至处以死刑。在教会的管制下，中世纪的科学技术进展非常缓慢。黑死病在欧洲的蔓延，也加剧了人们心中的恐慌，使得人们开始怀疑宗教神学的绝对权威。

中世纪后期，资本主义萌芽在生产力的发展等多种条件的促生下，于欧洲的意大利首先出现。这是商品经济发展到一定阶段的产物，此时自由的贸易开始呼唤人的自由，陈腐的欧洲需要一场新的提倡个人自由的思想运动。

资本主义萌芽的出现为这场思想运动的兴起提供了可能。城市经济的繁荣，使事业成功财富巨大的富商、作坊主和银行家等更加相信个人的价值和力量，更加充满创新进取、冒险求胜的精神。多才多艺、高雅博学之士受到人们的普遍尊重。这为文艺复兴的发生提供了深厚的物质基础和适宜的社会环境以及人才。

在古希腊和古罗马，文化艺术的成就很高，人们可以自由地发表各种学术思想，这和黑暗的中世纪是个鲜明的对比。14世纪末，由于信仰伊斯兰教的奥斯曼帝国不断入侵东罗马（拜占庭），东罗马人带着大批的古希腊和罗马的艺术珍品和文学、历史、哲学等书籍，纷纷逃往西欧避难。一些东罗马的学者在意大利的佛罗伦萨办了一所叫"希腊学院"的学校，讲授希腊辉煌的历史文明和文化等。这种辉煌的成绩与资本主义萌芽产生后的成果,显示出其优越性远远高于黑暗的中世纪,使得人们追求更自由的社会环境和思想精神氛围。

于是,许多欧洲的学者要求恢复古希腊和罗马的文化和艺术。这种要求就像春风,慢慢吹遍了整个欧洲。文艺复兴的先驱但丁(1265—1321)创作了大量文学作品,其代表作为《神曲》。他的作品以含蓄的手法批评和揭露中世纪宗教统治的腐败和愚蠢,首次以意大利方言而不是作为中世纪欧洲正式文学语言的拉丁文进行创作,被认为是资产阶级叩响近代社会大门的文艺复兴运动代表第一人。他认为古希腊、罗马时代是人性最完善的时代,中世纪将人性压制是违背自然的。

当时的意大利处于城邦林立的状态,各城市都是一个独立或半独立的城邦国家,14世纪后各城市逐渐从共和制走向独裁。独裁者耽于享乐,信奉新柏拉图主义,希望摆脱宗教禁欲主义的束缚,大力保护艺术家对世俗生活的描绘。与此同时圣方济各会的宗教激进主义力图摒弃正统宗教的经院哲学,转而歌颂自然的美和人的精神价值。同时,罗马教廷也在走向腐败,历届教皇的享乐规模比世俗独裁者还要厉害。他们也在保护艺术家,允许艺术偏离正统的宗教教条。哲学、科学都在逐渐地朝着比较宽松的氛围发展,一场宗教改革正在逐渐酝酿起来。

改革者积极提倡人文主义精神,其核心是以人为中心而不是以神为中心,肯定人的价值和尊严;主张人生的目的是追求现实生活中的幸福,倡导个性解放,反对愚昧迷信的神学思想,认为人是现实生活的创造者和主人。

在诸多因素的合力之下,欧洲近代三大思想解放运动(文艺复兴、宗教改革与启蒙运动)由此兴起。也给欧洲的宇宙及天文学带来了复兴的曙光。

3.2.3 欧洲及周边阿拉伯地区的宇宙、天文学的复兴

由于地域相邻、往来密切的关系,欧洲与阿拉伯地区的宇宙、天文学已经互相交汇、融合在一起。公元7世纪初,阿拉伯的圣人穆罕默德(570—632)创立伊斯兰教,统一了阿拉伯各国。在宇宙及天文学方面,先后形成多个学派,

使其得到了很大发展。

（1）巴格达学派

公元661年，倭马亚王朝（白衣大食）时期，建立大马士革天文台。

公元750年，阿拔斯王朝（黑衣大食）时期，公元829年建立巴格达天文台。

学者巴塔尼（858—929），修改《天文学大成》，撰写《萨比历数书》，共57章。他发现太阳近地点进动，对欧洲天文学产生了深远影响。

学者苏菲（903—986）编撰了《恒星星座》。

（2）开罗学派

公元909—1171年北非的法提玛王朝（绿衣大食）。

学者伊本·尤努斯（？—1009），撰写《哈基姆历数书》，共81章。

学者伊本·海桑（965—1038），研究球面像差、透镜放大率和大气折射，对欧洲科学发展产生了深远影响。

（3）西阿拉伯学派

建于西班牙的后倭马亚王朝（白衣大食）。

学者查尔卡利元（？—1100）于1080年编成《托莱多天文表》，在欧洲长期行用，提出水星按椭圆轨道运行，否定本轮、均轮学说。

学者伊本·图法（1110—1185）和比特鲁吉·伊什比利提出行星运动几何模型。

学者伊本·鲁什德（1126—1198）指出托勒密体系为非物理的现实。

（4）蒙古统治时期

公元1258年建伊尔汗国。

学者纳西尔丁·图西（1201—1274）建议在伊朗西北部建马拉盖天文台，仪器在当时首屈一指。公元1271年完成《伊尔汗历数书》。

公元1370年建帖木儿帝国。

乌鲁伯格（1394—1449）继位后建撒马尔罕天文台，有口径40米的象限仪。公元1447年编成《乌鲁伯格历数书》，其中包含了一个有1018颗恒星的星表,精度极高。

学者伊本·萨蒂尔(约 1305—1375)修正托勒密体系,引入本轮套本轮的体系。

(5) 西班牙卡斯蒂利亚国王阿方索十世(1221—1284)支持天文发展,刊布《阿方索天文表》。

(6) 法国天文学家霍利伍德出版《天球论》(公元 1220 年)。

(7) 维也纳大学教授波伊尔巴赫出版《行星新论》(公元 1474 年)。

(8) 学者雷乔蒙塔努斯写成《天文学大成概要》(公元 1463 年)。他自建天文台,编制星历表并出版(公元 1474 年),还认识到地球运动。

(9) 奥里斯姆(约 1320—1382)巴黎冲力学派代表人物,论证了地球自转,受原始冲力推动而无限期持续运动。

(10) 古萨的尼古拉主教(1401—1464)主张万物运动,宇宙无限。

3.2.4　哥白尼日心体系的创立和发展

16 世纪中叶,哥白尼日心体系创立,标志着近代天文学诞生。为此做出重大贡献的人物包括:哥白尼、布鲁诺、第谷、开普勒、伽利略、牛顿等著名的科学家。

1543 年,近代科学的开山之作——哥白尼的《天体运行论》——终于出版。尽管哥白尼本人生性怯懦,直到晚年才有胆量将作品交付刊印,但这并不影响他成为科学史上的科学巨人身份。

哥白尼的《天体运行论》并非是对希腊科学体系的完全否定。无论是从他的个人履历,还是它所采用的科学理论,从某种角度上都可以说,"哥白尼只是重新倡导希腊人的传统知识"。

哥白尼将宇宙的中心置于太阳附近,认为所有的天体都围绕着太阳公转,取消了偏心匀速点,使得整个体系更为简洁、美观,同时也解决了行星的"留和逆行"问题。他还将地球置于地月系统的中心,认为月球环绕地球运动。哥白尼通过精确计算认为,日地距离和天穹高度之比远小于地球半径与日地距离之比,因此得出日地距离相较于天穹高度微不足道的结论,很好地解决了恒星周年视差的问题。在此书中,哥白尼还指出,天穹上呈现的任何运动形式,并非是天穹本身的运动,而是地球自转与公转共同作用的结果。

这些理论看似极为简洁,哥白尼却进行了相当详尽复杂的数学分析与逻辑论证,显示了他作为"新柏拉图主义者"对于完美的追求,这也为近代科学开创了数理天文学传统。实际,哥白尼对他的宇宙体系的描述,还不到《天体运行论》的一半篇幅。在剩下的篇幅中,哥白尼运用那令人眼花缭乱的数学公式,试图向人们展示他的宇宙系统。相较于托勒密体系,"它在智识上更加优雅——更加赏心悦目——而且更加经济。""就这样在十几个世纪之后,托勒密终于在自己的游戏中失败了。"

关于《天体运行论》:

(1) 体例

用拉丁文写成,共 6 卷。书名为《论天体旋转的六卷集》,后人简称为《天体运行论》。

(2) 内容简介

第一卷为宇宙总结构图像,鸟瞰式地介绍了宇宙的结构。在论证的开始,哥白尼列举了许多观测资料来证明地球是圆形的。接着他指出了地球呈圆形的理由。他说:"所有的物体都倾向于将自己凝聚成为这种球状,正如同一滴水或一滴其他的流体一样,总是极力将自己形成一个独立的整体。""物体呈球状的原因在于它的重量,即在于物体的微粒或者说原子的一种自然倾向,要把自己凝聚成一个整体,并收缩成球状。"

关于原子,他还写了这样一段:"所谓原子,是最细微的、不能再分割的微粒,它们重叠地或是成倍地相聚在一起,但由于它们看不见,所以并不立即形成看得见的物体;可是它们的数量可以增加到这种程度,足够累积到可以看见的大小。"这一段话是针对唯心主义者的论调而说的,他们借口"原子无法看见"而抹杀原子的存在。

第二卷为应用球面三角方法解释天体在天球上的视运动。介绍了有关的数学原理,其中平面三角和球面三角的演算方法都是哥白尼首创的。这里陈述了三角形的规则,即从三角形的已知某些边和角去推算其他边和角的规则。这包括了三边是直线的平面三角形和三边是球面上圆弧做成的球面三角形。

第三卷为太阳视运动的计算方法。

第四卷为关于月球的视运动。

第五、六卷是关于行星的视运动。

(3)《天体运行论》出版的意义

① 动摇了宗教统治的理论支柱。

② 自然科学向教会发布的"独立宣言"。

③ 天文学跨入近代科学大门。为其他科学发展打开通道。

哥白尼革命的意义不仅仅局限于天文学,也不仅仅是人类认识水平上的飞跃,更重要的是引起了西方人价值观念上的转变。

(4)《天体运行论》的缺陷

认为宇宙有限,太阳位于宇宙中心,保留"恒星天"概念。恪守天体只能作匀速圆周运动的观念,保留本轮和均轮体系。

尼古拉·哥白尼于 1473 年 2 月 19 日出生在波兰的托伦。10 岁丧父,由舅父抚养。18 岁进入克拉科夫大学学习。在听取了布鲁捷夫斯基的天文课后,开始考虑地球的运转问题。他在后来写成的《天体运行论》的序言里说过,前人有权虚构圆轮来解释星空的现象,他也有权尝试发现一种比圆轮更为妥当的方法,来解释天体的运行。

哥白尼

哥白尼观测天体的目的和过去的学者相反。他不是强迫宇宙现象服从"地球中心"学说。哥白尼有一句名言:"现象引导天文学家。"他正是要让宇宙现象来解答他所提出的问题,要让观测到的现象证实一个新创立的学说——"太阳中心"学说。这种目标明确的观测,终于促成了天文学的彻底变革。

　　哥白尼的观测工作在克拉科夫大学时就有了良好的开端。他曾利用著名的占星家玛尔卿·布利查赠送给学校的"捕星器"和"三弧仪"观测过月食，研究过浩瀚无边的星空。

　　22 岁时，他获得弗龙堡大教堂神父团职位。

　　23 岁时去意大利博洛尼亚大学学习教会法，并师从著名天文学家诺法拉，研究天文学。在这里，哥白尼结识了当时知名的天文学家多米尼克·玛利亚，同他一起研究月球理论，开始用实际观测来揭露托勒密学说和客观现象之间的矛盾。他发现托勒密对月球运行的解释，一定会得出一个荒谬的结论：月亮的体积时而膨胀时而收缩，满月是膨胀的结果，新月是收缩的结果。1497 年 3 月 9 日，哥白尼和玛利亚一起进行了一次著名的观测。那天晚上，夜色清朗，繁星闪烁，一弯新月高挂天空。他们站在圣约瑟夫教堂的塔楼上，观测"金牛座"的亮星"毕宿五"，看它怎样被逐渐移近的蛾眉月所掩没。当"毕宿五"和月亮相接而还有一些缝隙的时候，"毕宿五"很快就隐没起来了。他们精确地测定了"毕宿五"隐没的时间，计算出确凿不移的数据，证明那些缝隙都是月亮亏食的部分，"毕宿五"是被月亮本身的阴影所遮掩的，月球的体积并没有缩小。就这样，哥白尼把托勒密的地心说打开了一个缺口。

　　28 岁返回波兰，加入神父团。同年夏天，在意大利帕多瓦大学学医，期间又获费拉拉大学教会法规博士学位。

　　33 岁回到波兰，在埃尔蒙兰其舅父处任职，继续天文研究。他在钻研古代典籍的时候，曾抄下这样一些大胆的见解：

　　"天空、太阳、月亮、星星以及天上所有的东西都站着不动，除了地球以外，宇宙间没有什么东西在动。地球以巨大的速度绕轴旋转，这就引起一种感觉，仿佛地球静止不动，而天空却在转动。

　　"大部分学者都认为地球静止不动，但是费罗窝斯和毕达哥拉斯却叫它围绕一堆火旋转。

　　"在行星的中心站着巨大而威严的太阳，它不但是时间的主宰，不但是地球的主宰，而且是群星和天空的主宰。"

这些古代学者的卓越见解,在当时被认为是"离经叛道"的,但是对哥白尼来说,却好比是夜航中的灯塔,照亮了他前进的方向。

40 岁(1513 年 3 月)时,他在弗龙堡大教堂的平台上安置了天文仪器,自此开展天文观测,长达二十年,最终完成了《天体运行论》。约在 1515 年前,哥白尼为阐述自己关于天体运动学说的基本思想,撰写了篇题为《浅说》的论文,他认为天体运动必须满足以下七点:不存在一个所有天体轨道或天体的共同的中心;地球只是引力中心和月球轨道的中心,并不是宇宙的中心;所有天体都绕太阳运转,宇宙的中心在太阳附近;地球到太阳的距离同天穹高度之比是微不足道的;在天空中看到的任何运动,都是地球运动引起的;在空中看到的太阳运动的一切现象,都不是它本身运动产生的,而是地球运动引起的,地球同时进行着几种运动;人们看到的行星向前和向后运动,是由于地球运动引起的。地球的运动足以解释人们在空中见到的各种现象了。

此外,哥白尼还描述了太阳、月球、三颗外行星(土星、木星和火星)和两颗内行星(金星、水星)的视运动。书中,哥白尼批判了托勒密的理论。他较科学地阐明了天体运行的现象,推翻了长期以来居于统治地位的地心说,并从根本上否定了基督教关于上帝创造一切的谬论,从而实现了天文学中的根本变革。他正确地论述了地球绕其轴心运转、月亮绕地球运转、地球和其他所有行星都绕太阳运转的事实。但是他也和前人一样严重低估了太阳系的规模。他认为星体运行的轨道是一系列的同心圆,这当然是错误的。他的学说里的数学运算很复杂,但也很不准确。即使这样,他的书还是立即引起了极大的关注,驱使其他天文学家对行星运动作更为准确的观察,其中最著名的是丹麦的天文学家第谷·布拉赫,开普勒就是根据他积累的观察资料,最终推导出了星体运行的正确规律。

由于朋友们不断催促,哥白尼把他的"太阳中心学说"写出了一个提纲,取了一个朴素的名字,叫《试论天体运行的假设》,抄送给他的几个心腹朋友。它宣布:"所有的天体都围绕着太阳运转,太阳附近就是宇宙中心的所在。地球也和别的行星一样绕着圆周运转。它一昼夜绕地轴自转一周,一年绕太阳公转一周……"。

哥白尼所宣布的是一个巨大的学说体系的轮廓,它在参加聚会的朋友中间引起了许多争论,哥白尼对许多疑问都做了解答。在结束辩论的时候,他引用了古罗马大诗人西塞罗的话:"没有什么东西赶得上宇宙的完整,赶得上德行的纯洁。"他用这句话表明了一具信念,那就是:宇宙是完整的、对称的、和谐的,是具有可以理解的规律和秩序的。

后来哥白尼将他未来的著作取名为《运行》。在他看来,运动才是生命的真谛——运动存在于万物之中,上达天空,下至深海。没有什么东西是静止的,一切东西都在生长、变化、消失,千秋万代继续不停。《运行》这一著作,就是要揭示大自然这一最本质的秘密。哥白尼的这一观点,肯定了客观世界的存在和它的规律性,闪耀着朴素的唯物主义哲学的光辉。

哥白尼对地球的形状,曾多次作过间接观测。早在 1500 年 11 月 6 日,他就在罗马近郊的一个高岗上观测过月食,研究地球投射在月球表面的弧状阴影,从而证实了亚里士多德关于地球呈球状的论断。在定居弗隆堡时,他曾多次站在波罗的海岸边观察帆船。有一次,哥白尼请求一艘帆船在桅顶绑上一个闪光的物体,他站在岸边看着这艘帆船慢慢驶离。他描写这次观察的情况说:"随着帆船的远去,那个闪光的物体逐渐降落,最后完全隐没,好像太阳下山一样。"这次观察使他得出一个结论:"就连海面也是圆形的。"

哥白尼绘制的宇宙图

而教廷一直把哥白尼的学说和科学研究视为异端邪说,教区的主教和宗教裁判官长期迫害、打压哥白尼,他们监视、查禁、威胁,用尽各种卑劣手段,妄图让哥白尼屈服。但是,在支持者帮助下,哥白尼克服了重重阻力,他的科学巨著还是出版了。

1543 年 5 月 24 日,哥白尼用手摸着刚刚送来的《天体运行论》,在病榻上逝世。

3.2.5 为确立哥白尼日心说继续斗争

继哥白尼之后，伽利略、布鲁诺、第谷、开普勒等享誉盛名的科学家们，沿着哥白尼所开创的研究道路，将人类对宇宙的认识，提升到了前所未有的高度，从多个角度证明了哥白尼体系的优越性与正确性。"假如在他死后 150 年间，没有出现一系列的天才，将他的工作完成，取得他所没有得到的决定性证据，天文学便不会发生伟大的进展，而他的体系也不会流传到今天。"

乔尔丹诺·布鲁诺

必须着重提出的是不屈的斗士——乔尔丹诺·布鲁诺（1548—1600）。罗马教廷对于刚刊印的《天体运行论》一书采用的是不闻不问的办法。由于哥白尼的著作是用拉丁文写的，而且数学计算很多，只有懂数学的人才能看懂，所以在市民阶层中影响不大。因此，罗马教廷在 70 多年间没有对哥白尼的著作明令取缔。

布鲁诺在读过《天体运行论》后，发现奥塞安德尔在书中的序言是一篇伪作。他愤慨地指出："这是一个其蠢如驴、不学无术、狂妄自大的角色，给哥白尼的著作附加一张废纸。"布鲁诺曾先后到过欧洲十几座著名的城市，宣传哥白尼的理论，借以打击神学的世界观。他去讲学的地方有信奉新教的国家，也有信奉天主教的国家，不过即使被人驱逐，他也毫不在乎。但是，当布鲁诺发表著作介绍哥白尼学说的时候，教廷就采用了严厉镇压的手段。这是因为，布鲁诺写的是明白晓畅、人人都懂的意大利文，文笔优美而犀利，讽刺了那些拼命维护"地球中心学说"的神学家，并揭示了哥白尼学说的全部唯物主义的意义。布鲁诺推崇哥白尼为最伟大的天文学家。他在《哥白尼的光辉》一诗中写道："你的思想没有被黑暗世纪的卑怯所玷污，你的呼声没有被愚妄之徒的叫嚣所淹没，伟大的哥白尼啊，你的丰碑似的著作在青春初显的年代震撼了我们的心灵。"

他在文章中写道："我们对哥白尼感激不尽，因为他把我们从居于统治地位的庸俗哲学中解放出来，……只有那种坚定不移地站在反宗教的潮流中的人，才能充分评价并颂扬他的精神。……他给自己找到坚实的立场，并毫不含糊地宣称：承认地球对于宇宙的运动，终究是一件不可避免的事，因为这比认定无数天体（其中许多都比地球更为光辉而庞大）把地球当作中心的说法，要合情合理得多。"

布鲁诺联系古代唯物主义者学说，到处宣传哥白尼的革命理论，而且在宇宙的无限性和运动的永恒性方面发展了哥白尼的学说。他在哥白尼学说的基础上，形成了自己的崭新的宇宙论。他提出并论证了宇宙无限和世界众多的思想。他认为整个宇宙是无限大的，根本就不存在固定的中心，也不存在界限。而地球只是绕太阳运转的一颗行星，太阳也只是宇宙中无数恒星中的一颗。在无限的宇宙中，有无数的"世界"在产生和消亡，但作为无限的宇宙本身，是永恒存在的。布鲁诺不仅抛弃了地球中心说，而且也跨过了哥白尼的太阳中心说而大大前进了一步。他还提出天地同质说，认为物质是一切自然现象共同的统一基础。

布鲁诺明确指出自然界的万事万物都处在普遍联系和不断运动变化之中。这一变化是统一的物质实体包含的各种形式不断转化的过程，事物经过相互转化，形成对立面的统一。布鲁诺还论述了"极大"与"极小"的对立统一。他指出"宇宙里面，体积与点无别，中心与周边无别，有限者与无限者无别，最大者与最小者无别"。他把对立统一原则看作是认识自然、发现真理的诀窍，将这一学说提到方法论的高度。他得出的结论是："谁想要认识自然的最大秘密，那就请他去研究和观察矛盾和对立面的最大和最小吧。深奥的法术就在于能够先找出结合点，再引出对立面。"布鲁诺把这种辩证思想推广应用于社会和日常生活。他说："不可能有这样的国家、这样的城市、这样的世代、这样的家庭，其成员竟会有相同的脾胃，而没有互相对立、互相矛盾的性格。"他指出意大利既是"一切罪恶"的"渊源"，又是"地球的头脑和右手"以及一切美德的"教导者、培育者和母亲"。布鲁诺继承和发展了古代辩证法成为文艺复兴时期伟大的辨证理论家。他提出若干重要辨证的原理并做了详细论证，为反对中世纪经院哲学中行而上学的观点起到了重要作用。

由于布鲁诺在欧洲广泛宣传他的新宇宙观、反对经院哲学,进一步引起了罗马宗教裁判所的恐惧和仇恨。1592年,罗马教徒将他诱骗回国,并逮捕了他。刽子手们用尽种种刑罚仍无法令布鲁诺屈服。他说:"高加索的冰川,也不会冷却我心头的火焰,即使像塞尔维特那样被烧死也不反悔。"他还说:"为真理而斗争是人生最大的乐趣。"经过8年的残酷折磨后,布鲁诺被处以火刑。1600年2月17日凌晨,罗马塔楼上的悲壮钟声划破夜空,传进千家万户。这是施行火刑的信号。通往鲜花广场的街道上站满了群众。布鲁诺被绑在广场中央的火刑柱上,他向围观的人们庄严地宣布:"黑暗即将过去,黎明即将来临,真理终将战胜邪恶!"最后,他高呼"火,不能征服我,未来的世界会了解我,会知道我的价值。"刽子手用木塞堵上了他的嘴,然后点燃了烈火,布鲁诺在熊熊烈火中英勇就义。

还应提到的是观测天文大师——丹麦天文学家第谷·布拉赫(1546—1601)和天空的立法者——德国天文学家开普勒(1571—1630)。

第谷当初很崇拜哥白尼,他曾经打发人访问弗龙堡,并取回一幅哥白尼的自画像和他生前用过的一架"捕星器"。第谷看到这个仪器时大为惊诧,哥白尼竟是用这么简陋的仪器来考察"天体的奥妙"。他毕恭毕敬地把哥白尼的遗像供在上位,还在遗像下题词:

"力大无比的巨人能够搬过一座山来加到另一座山上,可是雷的劈击却能把巨人制服——比起所有这些巨人,哥白尼一个人不知要坚强多少、伟大多少、幸福多少。他把整个地球连同所有的山岳举起来迎向群星,雷的劈击却不能把他制服。"

第谷在天文观测方面很有成就,1572年11月11日黄昏发现新星,第二年出版《论新星》。1746年,30岁的第谷在汶岛建天文台——天堡和星堡。他还设计制造了多种天文仪器,测量天体位置的精度达到2′。他还坚持多年测定行星视位置、探讨宇宙体系理论。51岁时,第谷离开汶岛,并于53岁到达布拉格,在城郊建天文台进行观测。

1600年2月，开普勒拜访第谷，并在第谷手下研究天文学。次年，第谷临终前把行星运动资料交于开普勒。他们两人的合作是科学史上实测工作与理论工作紧密配合，取得辉煌成功的范例。

开普勒衷心信奉哥白尼的学说。他也曾指出奥塞安德尔在《天体运行论》这本书中伪撰序言，宣扬不可知论的卑劣手段。他还利用自己发明的望远镜，把有关宇宙结构的科学向前推进了一步。

1571年12月27日，开普勒生于德国南部魏尔市。17岁时，靠奖学金进入蒂宾根大学，师从麦斯特林学习天文学。20岁获硕士学位，留校学习神学。23岁受蒂宾根大学评议会推荐，至奥地利格拉茨地方基督教福音学校任教，同时编算星占历书。

1. 探索宇宙奥秘

开普勒认为6个行星所在的天球球面正好外接于和内切于5种正多面体，发现

土星——正立方体——木星——正四面体——火星——正十二面体——地球——正二十面体——金星——正八面体——水星

这种设计得到的各个球的半径比率与各个行星轨道大小的已知值相当吻合，但没有跳出旧的圆形轨道的框框，若干年后，随着观测研究的深入。开普勒就摒弃了它。

1596年，出版《宇宙的神秘》，受到第谷欣赏。

2. 行星运动三定律的发现

1600年2月，开普勒赴布拉格；1601年，接受第谷临终托付。

开普勒首先研究了地球在轨道上运动时的速度变化。得出的结果是，在相同的时间里，太阳到地球的连线扫过的面积相等。推广后成为行星运动第二定律，即面积定律。

在推算火星轨道时，开普勒发现理论与观测之间有8′误差，改用椭圆轨道后则二者符合，于是做出结论：火星在椭圆轨道上绕太阳运动，太阳位于其中一个焦点上。推广后成为行星运动第一定律，即椭圆定律。

1609年，开普勒出版《新天文学》，公布了第一、二定律。

1609年至1619年期间，他继续研究，又发现行星到太阳的平均距离的立方与其公转周期的平方成正比，这是行星运动第三定律，又称调和定律。用公式表示为：$R_1^3/T_1^2 = R_2^3/T_2^2$。

1619年，他又出版《宇宙的和谐》，公布了第三定律。这个行星运动的开普勒三定律为牛顿万有引力理论的发现起到了先导作用。

1617年至1621年间，他又分三部分出版了《哥白尼天文学概要》。

3. 其他成就

1604年发现了"开普勒新星"。

1611年出版了《折光学》。

1627年出版了《鲁道夫星表》。

他还探讨了行星绕太阳运动的物理原因，同时研究了大气折射、彗星运动和水星凌日。

伽利略·伽利雷(1564—1642)也是他们的同时代人，在帕多瓦大学执教时，他就读过哥白尼的著作《天体运行论》。但是伽利略是个科学态度十分严肃的学者。他想，过去都说是太阳围着地球运转，哥白尼却提出相反的看法，到底哪一个正确呢？伽利略没有轻率地下结论，他决定用自己的望远镜来证实谁是谁非。

伽利略

开普勒

当伽利略的著作《星际使者》出版时，他已是一个哥白尼学说的坚定支持者了。伽利略通过自己的观测和研究，逐渐认识到哥白尼的学说是正确的，而托勒密的地球中心说是错误的，亚里士多德的许多观点也是站不住脚的。伽利略不仅发表了批驳亚里士多德的论文，还通过书信毫不掩饰地支持哥白尼的学说，甚至把信件的副本直接寄给罗马教会。在伽利略看来，科学家的良心就是追随真理。

但是，罗马教廷是不会放过伽利略的。他们先是对伽利略发出措辞严厉的警告，后来又把他召到罗马进行审讯。1616 年 2 月，宗教裁判所宣布，不许伽利略再宣传哥白尼的学说，无论是讲课或写作，都不得再把哥白尼学说说成是真理。在教会的威胁下，伽利略被迫作了放弃哥白尼学说的声明。他怀着极其痛苦的心情回到佛罗伦萨，在沉默中度过了好些年。

但是伽利略的内心深处并没有放弃哥白尼学说，相反，继续不断地观测和深入研究，使他更加坚信哥白尼学说是正确的科学理论。在佛罗伦萨郊外的别墅里，伽利略过着与世隔绝的生活。他的身体大不如前，但却依然念念不忘宣传哥白尼的学说。经过长久的酝酿构思，用了差不多 5 年时间，一部伟大的著作《关于两种世界体系的对话》终于诞生了。

《关于两种世界体系的对话》表面上是以三个人对话的形式，客观地讨论托勒密的地心说与哥白尼的日心说，对谁是谁非进行没有偏见的探讨。但是当这本书在 1632 年 2 月出版时，细心的读者不难看出，这本书以充分的论据和大量无可争辩的事实，有力地批判了亚里士多德和托勒密的错误理论，科学地论证哥白尼的日心说，宣告了宗教神学的彻底破产。

很快，教会嗅出了这本书包含的可怕思想，从字里行间流露出来的大胆结论使神学家们感到极大恐慌。那些对伽利略心怀不满的学术骗子和教会勾结、罗织罪名、策划阴谋，为迫害伽利略大造舆论。科学和神学不可调和的斗争爆发了。1632 年 8 月，罗马宗教裁判所下令禁止这本书出售，并且由罗马教皇指名组织一个专门委员会对这本书进行审查。伽利略也接到了宗教裁判所要他去罗马接受审讯的一纸公文。

但这时候的伽利略已是69岁的老人，且病魔缠身、行动不便，许多关心他的人为他说情，但是罗马教皇恼怒地说："除非证明他不能行动，否则在必要时就给他戴上手铐押来罗马！"就这样，1633年初，伽利略抱病来到罗马。他一到罗马便失去自由，被关进了宗教裁判所的牢狱，并且不准任何人和他接触。

人类历史上一次骇人听闻的迫害就这样开始了。在罗马宗教裁判所充满血腥和恐怖的法庭上，真理遭到谬误的否决，科学受到神权的审判。那些教会法官们，用火刑威胁伽利略放弃自己的信仰。年迈多病的伽利略坚信：真理是不可能用暴力扑灭的。尽管他可以声明放弃哥白尼学说，但是宇宙天体之间的秩序是谁也无法更改的。在审讯和刑法的折磨下，他被迫在法庭上当众表示忏悔，并在判决书上签了字。被判终身监禁。

伽利略的晚年是非常悲惨的。1637年，他由于白内障的恶化双目完全失明，而他唯一的亲人——小女儿先他离开人间，又给了他很大的打击。但是，即使这样，伽利略仍旧没有失去探索真理的勇气。1638年，他的一部《关于两门新科学的讨论》在朋友帮助下在荷兰出版，这本书是伽利略长期对物理学研究的系统总结，也是现代物理的第一部伟大著作。

伽利略在科学上为人类做出了巨大贡献，是经典物理学的奠基人，被誉为"近代力学之父"、"现代科学之父"和"现代科学家的第一人"。他在力学领域进行过著名的比萨斜塔重物自由下落实验，推翻了亚里士多德关于"物体落下的速度与重量成正比例"的学说，建立了自由落体定律；发现物体的惯性定律、摆振动的等时性和抛体运动规律，并确定了伽利略相对性原理；发明了摆针和温度计；他还是利用望远镜观察天体取得大量成果的第一人，开创了望远镜天文学时代。他发现了月球表面凹凸不平、木星的四个卫星、太阳黑子、银河由无数恒星组成，以及金星、水星的盈亏等现象。

1642年1月8日，78岁的伽利略停止了呼吸，但是他毕生捍卫的科学真理却与世长存。具有讽刺意味的是，300多年后，1979年11月，在世界主教会议上，罗马教皇提出重新审理"伽利略案件"。为此，世界著名科学家组成了一个审查委员会，负责重新审理这一冤案。其实，哪里还用得着审理什么呢？宇宙飞船在太空飞行、人类的足印深深地留在月球表面、人造卫星的上天，宇宙测探器飞出太阳系并发回电波……所有这些现代科学技术，早已把中世纪教廷的黑暗钉在了耻辱柱上。人们将永远记住伽利略的名字，为了纪念他的功绩，人们把木卫一、木卫二、木卫三和木卫四命名为"伽利略卫星"。

3.2.6　牛顿与经典宇宙学的创立

哥白尼科学革命的完成、经典宇宙学理论的确立，最终落在科学巨匠艾萨克·牛顿(1643—1727)肩上。1687 年，牛顿发表了他的不朽巨著《自然哲学的数学原理》，提出了万有引力和三大运动定律，奠定了天体力学的基础，也创立了以万有引力为核心的经典宇宙学理论。这些定律成为此后几个世纪里物理世界的基本科学观点，并构成了现代工程学的基础。

牛顿在前人研究成果的基础上，依靠自己锲而不舍的努力、超凡的智慧所发现的万有引力定律是 17 世纪自然科学最伟大的成就之一。他通过论证开普勒行星运动定律与他的引力理论间的一致性，展示了地面物体与天体的运动都遵循着相同的自然定律；把地面上物体运动的规律和天体运动的规律统一了起来，对以后物理学和宇宙

牛顿

学的发展具有深远影响。它第一次解释了一种基本相互作用的规律，在人类认识自然的历史上树立了一座里程碑，为太阳中心说提供了强有力的理论支持，并推动了科学革命。

万有引力定律是描述物体之间都具有的相互作用引力的定律。定律内容如下：任意两个质点通过连心线方向上的力相互吸引，该引力的大小与它们的质量乘积成正比，与它们距离的平方成反比，与两物体的化学本质或物理状态以及中介物质无关，公式表示：$F = G\dfrac{M_1 M_2}{R^2}$（$G = 6.67 \times 10^{-11}$ 牛·米²/千克²）；

F：两个物体之间的引力；G：万有引力常数；M_1：物体 1 的质量；M_2：物体 2 的质量；R：两个物体之间的距离。

实际上，伽利略在 1632 年已经提出了离心力和向心力的初步想法，而布里阿德在 1645 年就提出了引力平方比关系的思想。牛顿在 1665 年至 1666 年的手稿中，用自己的方式证明了离心力定律，1673 年，惠更斯也独立地提出了圆周运动的离心力公式。

万有引力与相作用物体的质量乘积成正比，是从发现引力平方反比定律过渡到发现万有引力定律的必要阶段。牛顿从 1665 年至 1685 年，花了整整 20 年的时间，才沿着离心力、向心力、重力、万有引力概念的演化顺序，提出"万有引力"这个概念。牛顿在《原理》第三卷中写道："最后，如果由实验和天文学观测，普遍显示出地球周围的一切天体被地球重力所吸引，并且其重力与它们各自含有的物质质量成比例，则月球同样按照物质质量被地球重力所吸引。另一方面，它显示出，我们的海洋被月球重力所吸引；并且一切行星相互被重力所吸引，彗星同样被太阳的重力所吸引。由于这个规则，我们必须普遍承认，一切物体，不论是什么，都被赋予了相互的引力的原理。因为根据这个表象所得出的一切物体的万有引力的论证……"

牛顿在 1665 年至 1666 年间只使用了离心力定律和开普勒第三定律，因而只能证明圆轨道上的引力平方反比关系。在 1679 年，他知道了运用开普勒第二定律，但在证明方法上没有突破，仍停留在 1665 年至 1666 年的水平。到 1684 年 1 月，哈雷、雷恩、胡克和牛顿不仅都能够证明圆轨道上的引力平方反比关系，而且都已经知道椭圆轨道上也遵守引力平方反比关系。但是，最后只有牛顿根据开普勒第三定律，从离心力定律演化出的向心力定律和数学上的极限概念（或微积分概念），用几何法证明了这个难题。

万有引力定律揭示了天体运动的规律，在天文学上和宇宙航行计算方面有着广泛的应用。它为实际的天文观测提供了一套计算方法，可以只凭少数观测资料，就能算出长周期运行的天体运动轨道。科学史上哈雷彗星、海王星、冥王星的发现，都是应用万有引力定律取得的重大成就。利用万有引力公式、开普勒第三定律等还可以计算太阳、地球等无法直接测量的天体的质量。牛顿还解释了月亮和太阳的万有引力引起的潮汐等现象。他指出潮汐的大小不但同月球的位相有关，而且同太阳的方位有关；他还用质点间的万有引力证明，密度呈球对称的球体对外的引力都可以用同质量的质点放在中心的位置来代替；牛顿预言地球不是正球体，岁差就是由于太阳对赤道突出部分的摄动造成的；他依据万有引力定律和其他力学定律，对地球两极呈扁平形状的原因和地轴复杂的运动，也成功地做了说明。他推翻了古代人类认为的神之引力。

在力学上，除了万有引力定律，牛顿还阐明了动量和角动量守恒的原理。在现代物理学中，更为普遍适用的是动量守恒定律、能量守恒定律与角动量守恒定律，它们既适用于微观和宏观，也应用于宇观；既应用于经典物理学，也应用于非经典物理学。它们的陈述都非常简明："动量、能量、角动量既不可能凭空创造，也不可能凭空消失。"

动量守恒定律、能量守恒定律以及角动量守恒定律一起成为现代物理学中的三大基本守恒定律。最初它们是牛顿定律的推论，但后来发现它们的适用范围远远广于牛顿定律，是比牛顿定律更基础的物理规律，是时空性质的反映，表述了物质运动的本质。牛顿在其中的贡献是不言而喻的。

在光学上，牛顿发明了反射望远镜。他曾致力于颜色现象和光本性的研究，并基于对三棱镜将白光发散成可见光谱的观察，发展出了颜色理论。1666 年，他用三棱镜研究日光，得出的结论是，白光是由不同颜色（即不同波长）的光混合而成的，不同波长的光有不同的折射率。在可见光中，红光波长最长，折射率最小；紫光波长最短，折射率最大。牛顿的这一重要发现成为光谱分析的基础，揭示了光色的秘密。

牛顿还曾把一个磨得很精、曲率半径较大的凸透镜的凸面，压在一个十分光洁的平面玻璃上。在白光照射下可看到，中心的接触点是一个暗点，周围则是明暗相间的同心圆圈。后人把这一现象称为"牛顿环"。他还创立了光的"微粒说"，从一个侧面反映了光的运动性质，但他对光的"波动说"并不持反对态度。

1704 年,牛顿著成《光学》,系统阐述他在光学方面的研究成果,其中他详述了光的粒子理论。他认为光是由非常微小的微粒组成的,而普通物质是由较粗的微粒组成的。并推测如果通过某种炼金术的转化,"难道物质和光不能互相转变吗? 物质不可能从进入其结构中的光粒子得到主要的动力吗?"牛顿还使用玻璃球制造了原始形式的摩擦静电发电机。

他还系统地表述了冷却定律,并研究了音速。

在数学上,牛顿与德国学者戈特弗里德·威廉·莱布尼茨分享了创立微积分学的荣誉。他也证明了广义二项式定理,提出了用以趋近函数零点的"牛顿法",并为幂级数的研究做出了贡献。

此外,牛顿的哲学思想基本属于自发的唯物主义,他承认时间、空间的客观存在,但他也不能不受时代的局限。例如,他把时间、空间看作是同运动着的物质相脱离的东西,提出了所谓绝对时间和绝对空间的概念;他对那些暂时无法解释的自然现象归结为上帝的安排,提出一切行星都是在某种外来的"第一推动力"的作用下才开始运动的说法。

牛顿的巨作《自然哲学的数学原理》,开辟了大科学时代。他发现的运动三定律和万有引力定律,为近代物理学和力学奠定了基础,他的万有引力定律和哥白尼的日心说奠定了现代宇宙学的理论基础。直到今天,人造地球卫星、火箭、宇宙飞船的发射升空和运行轨道的计算,都仍以这作为理论根据。在2005 年,英国皇家学会进行了一场"谁是科学史上最有影响力的人"的民意调查,牛顿被认为比阿尔伯特·爱因斯坦更具影响力。

3.2.7　万有引力定律的证实

1. 哈雷彗星回归的预言

1705 年,哈雷发表《彗星天文学概论》,以万有引力定律计算了历史上24 颗彗星的轨道。他发现 1531、1607、1682 年的彗星轨道几乎相同,于是成功预言 1758 年会有彗星回归。

2. 孤立大山的引力使铅垂线偏转

1774 年,格林尼治天文台台长马斯基林(1732—1811)测量了苏格兰希哈里恩山的南北纬度差。天文观测值为 54.6″,大地测量为 42.94″。这一结果证实了大山的引力使铅垂线发生偏转。

3. 万有引力常数的测定

1798 年,英国物理学家卡文迪许(1731—1810)通过扭秤实验求得 G。

4. 海王星的发现

1781 年,英国天文学家威廉·赫歇尔(1738—1822)发现了天王星。其位置的理论值与观测值存在偏差。

1845 年 9 月,亚当斯(1819—1892)算出了一颗未知行星的轨道,并向时任格林尼治天文台台长艾里(1801—1892)报告。

1846 年 8 月,法国人勒威耶(1811—1877)发表"论使天王星失常的行星,它的质量、轨道和现在位置的决定"。9 月,他写信给柏林天文台的伽勒(1812—1910),请他寻找这颗行星。9 月 23 日,一颗新行星被发现,被命名为"海王星"。

5. 对恒星暗伴星的预言和发现

1834 年,贝塞尔(1784—1846)发现天狼星的自行不是直线,预言其有伴星存在。1840 年发现的南河三亦然。

1862 年,克拉克(1832—1897)发现了天狼星的暗伴星。

1892 年,舍伯尔(1853—1824)发现了南河三的暗伴星。

这些发现证实了万有引力定律同样适用于恒星世界。

3.2.8　17 世纪的天文望远镜及其观测成就

1. 天文望远镜问世

(1) 望远镜的发明

1608 年,荷兰眼镜商利帕席(约 1570—1619)发明了第一台望远镜。

(2) 伽利略式天文望远镜

1609 年,伽利略制作了一架口径 0.42 米,长约 1.2 米的望远镜。他用平凸透镜作为物镜,凹透镜作为目镜,采用这种光学系统的望远镜称为"伽利略式望远镜"。伽利略用这架望远镜看向天空,得到了一系列重要发现。

2. 伽利略的发现

(1)观测月亮

1609年12月,伽利略通过自制的望远镜发现了"海"、山脉、环形山等,并画出了首张月面图。

(2)观测恒星

观测到亮度较暗,数量更多的恒星。包括昴星团、银河中的众多恒星。

(3)观测行星

1610年1月7日,伽利略开始用望远镜观看木星,发现4颗木星的卫星。

1610年出版《星际使者》。1610年8月观看金星。

(4)观测太阳

1610年末开始观测太阳,发现太阳黑子和太阳自转。

1613年出版《关于太阳黑子的书信》。

伽利略的工作开创了望远镜天文学的时代。

3. 开普勒式望远镜

1611年,德国天文学家开普勒用两片双凸透镜分别作为物镜和目镜,使放大倍数有了明显提高,以后人们将这种光学系统的望远镜称为"开普勒式望远镜"。

需要指出的是,由于当时的望远镜采用单个透镜作为物镜,存在严重的色差,为了获得好的观测效果,需要用曲率非常小的透镜,这势必会造成镜身的加长。所以在很长的一段时间内,天文学家一直在梦想制作更长的望远镜,但许多尝试均以失败告终。

1757年,杜隆通过研究玻璃和水的折射和色散,建立了消色差透镜的理论基础,并用冕牌玻璃和火石玻璃制造了消色差透镜。从此,消色差折射望远镜完全取代了长镜身望远镜。但是,由于技术方面的限制,当时很难铸造较大的火石玻璃,在消色差望远镜的初期,最多只能磨制出口径0.1米的透镜。

19世纪末，随着制造技术的提高，制造较大口径的折射望远镜成为可能，随之就出现了一个制造大口径折射望远镜的高潮。世界上现有的8架0.7米以上口径的折射望远镜中，有7架是在1885年到1897年期间建成的，其中最有代表性的是1897年在美国叶凯士天文台建成的口径1.02米望远镜，和1886年在德国里克天文台建成的口径0.91米望远镜。

天文望远镜

折射望远镜的优点是焦距长、底片比例尺大，对镜筒弯曲不敏感，最适合于做天体测量方面的工作。但是它总是有残余的色差，同时对紫外、红外波段的辐射吸收很厉害。而巨大的光学玻璃浇制也十分困难。并且，由于重力使大尺寸透镜的变形会非常明显，因而丧失明锐的焦点。到1897年叶凯士望远镜建成，折射望远镜的发展达到了顶点，此后的100年中再也没有更大的折射望远镜出现。

历史上的长焦距望远镜：1673年波兰天文学家赫维留斯（1611—1687）制成了46米长的望远镜。法国天文学家G. D.卡西尼（1625—1712）的望远镜长41.5米。荷兰物理学家兼天文学家惠更斯（1629—1695）的望远镜焦距37米。

4. 牛顿式反射望远镜

1668年，牛顿制成第一架反射望远镜。他在经过多次研制非球面的透镜都不成功后，才决定用球面反射镜作为望远镜主镜。他把0.025米直径的金属磨制成一个凹面反射镜，并在主镜的焦点前放了一个与主镜成45°角的反射镜，使经主镜反射后的会聚光经反射镜后以90°角反射出镜筒后，到达目镜。牛顿望远镜为反射望远镜的发展铺平了道路，现在的巨型望远镜中，大多属于反射望远镜。

牛顿反射望远镜采用抛物面镜作为主镜，光进入镜筒的底端，然后折回。开口处的第二反射镜（平面的对角反射镜），使光线再次改变方向后进入

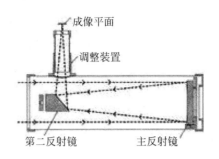

牛顿反射望远镜光学系统

目镜焦平面。目镜为便于观察，被安置靠近望远镜镜筒顶部的侧方。牛顿反射望远镜用平面镜替换了昂贵笨重的透镜收集和聚焦光线，从而增强了光线汇聚。

　　牛顿反射望远镜系统的焦距长达 1 米，但仍然相对的紧凑和便携。不过因为主镜被暴露在空气和尘土中，这种望远镜要求更多地维护与保养。

　　由于光学系统的原理，牛顿望远镜成倒像，但这并不影响天文观测，因此牛顿反射望远镜是天文学使用的最佳选择。通过正像镜等附加镜头，可以将图像校正过来，但会降低成像质量。

5．天文望远镜的其他发现和成果

　　（1）赫维留斯和里乔利的月面图

　　1647 年，赫维留斯出版专著《月面图》。意大利天文学家里乔利（1598—1671）描绘月面图。

　　（2）惠更斯的发现

　　1655 年，惠更斯发现土卫六，1656 年 3 月，发现土星光环。1659 年出版《土星系》。

　　（3）卡西尼的发现

　　1664 年，G. D. 卡西尼发现木星带纹和大红斑。测定木星自转周期。观测木星凌日。1666 年，测定火星的自转周期为 24 小时 40 分（今值为 24 小时 37 分）。1668 年编制木卫星历表。1673 年测太阳视差为 9.5″，相应于日地距离 1.4 亿千米。1675 年发现土星环缝，推测光环构成。

（4）罗默测定光速

丹麦天文学家罗默（1644—1710）于 1672 年起在巴黎天文台观测木星对木卫一的掩食。1676 年，他宣布光穿过地球轨道直径需时 22 分钟（今测值 16 分 38 秒），由此算得光速约 25 万千米/秒，意义重大。

3.2.9　小结

一批又一批的科学勇士不畏艰险，胸怀追求真理的信念，冲破中世纪宗教神学的黑暗统治，迎来了科学的曙光。经典宇宙、天文学在以哥白尼和牛顿为代表的科技工作者卓有成效的努力下被确立起来。天文望远镜的发明，加强了天文观测的技术手段，极大地拓宽了人类的视野，获得了一系列科研成果，使宇宙学理论研究走上了必须用实验观测证实的科学轨道；也为宇宙、天文学的更大发展，奠定了坚实的基础。

参考文献

[1]　陈久金.中国古代天文学家[M].北京：中国科学技术出版社,2008.

[2]　沈括.梦溪笔谈全译[M].上海：上海古籍出版社,2013.

[3]　王军云.明朝二十四臣[M].北京：中国华侨出版社,2007.

[4]　李道英.唐宋八大家的故事[M].北京：金盾出版社,2013.

[5]　黄坤.朱熹诗文选译[M].南京：凤凰出版社,2011.

[6]　肖萐父.许苏民.王夫之评传[M].南京：南京大学出版社,2007.

[7]　曹国庆.黄宗羲评传[M].北京：中国社会出版社,2010.

[8]　陈祖武.顾炎武评传[M].北京：中国社会出版社,2010.

[9]　叶永烈.钱学森[M].上海：上海交通大学出版社,2010.

[10]　百度网.宗教神学[OL].2015-06-29.http://baike.baidu.com/view/11760728.htm

[11]　中国科学技术大学天体物理组.西方宇宙理论评述[M].北京：科学出版社,1978.

[12]　[美]阿若优.生命四元素：占星与心理学[M].胡因梦,译.昆明：云南出版集团公

司,2014.

[13]　王元凯,段金龙.宇宙探索路[M].北京:科学技术文献出版社,2008.

[14]　《图说天下·世界历史系列》编委会.图说天下·世界历史意大利[M].长春:吉林
　　　　出版集团有限责任公司,2009.

[15]　[法]伏古勒尔.天文学简史[M].罗玉君,译.桂林:广西师范大学出版社,2003.

[16]　[波]哥白尼.天体运行论[M].叶式辉,译.北京:北京大学出版社,2006.

[17]　[美]杰安·若西.逃亡与异端——布鲁诺传[M].王伟,译.北京:商务印书
　　　　馆,2014.

[18]　钮卫星.天文学史[M].上海:上海交通大学出版社,2011.

[19]　[俄]库兹涅佐夫.伽利略传[M].陈太先,马世元,译.北京:商务印书馆,2001.

[20]　[美]詹姆斯·格雷克.牛顿传[M].吴铮,译.北京:高等教育出版社,2004.

[21]　[英]格里芬.科学简史[M].张帆,译.济南:山东画报出版社,2006.

4 天文观测新科技与宇宙、天文学新进展

4.1 天文观察和测试新科技

4.1.1 天文望远镜技术快速发展

17 世纪早期的天文望远镜发挥了其巨大的作用。18、19 世纪,尤其是20 世纪航天科技的发展,实现了在太空中用天文望远镜进行观测。天文望远镜技术的惊人进步,对宇宙、天文学起到了极大的推动作用。

（1）施密特式折反射望远镜

1931 年,德国光学家施密特用一块接近于平行板的非球面薄透镜作为改正镜,与球面反射镜配合,制成了可以消除球差和轴外像差的施密特式折反射望远镜。这种望远镜光力强、视场大、像差小,适合于拍摄大面积的天区照片,尤其是对暗弱星云的拍照效果非常突出。现在,施密特望远镜已经成了天文观测的重要工具。

（2）马克苏托夫式折反射望远镜

1940 年,马克苏托夫用一个弯月形状的透镜作为改正透镜,制造出了另

一种类型的折反射望远镜。它的两个表面是两个曲率不同的球面,它们相差不大,但曲率和厚度都很大。它的所有表面均为球面,比施密特式望远镜的改正板容易磨制,镜筒也比较短,但视场比施密特式望远镜小,对玻璃的要求也高一些。

由于折反射式望远镜能兼顾折射和反射两种望远镜的优点,非常适合业余的天文观测和天文摄影,所以得到了广大天文爱好者的喜爱。

望远镜的聚光能力随着口径的增大而增强。聚光能力越强,就能够看到更暗更远的天体,其实也就是看到了更早期的宇宙。所以天体物理的发展需要更大口径的望远镜。

但是,随着望远镜口径增大,一系列的技术问题也会接踵而来。例如,海尔望远镜的镜头自重达 14 500 千克,可动部分的重量为 530 000 千克,而 5 米镜更是重达 800 000 千克。一方面,望远镜的自重过大会使镜头变形相当明显。另一方面,镜体温度不均也会使镜面产生畸变,进而影响成像质量。而从制造方面看,传统方法制造望远镜的费用几乎与口径的平方或立方成正比,所以制造更大口径的望远镜必须另辟新径。

自 20 世纪 70 年代以来,望远镜的制造方面发展了许多新技术,涉及光学、力学、电子学、热学、信息、计算机、自动控制和精密机械等领域。这些技术使望远镜的制造突破了镜面口径的局限,并且降低造价、简化了望远镜结构;特别是主动光学和自适应光学技术的出现和应用,使望远镜的设计和制造有了一个飞跃。

从 20 世纪 80 年代开始,国际上掀起了制造新一代大型望远镜的热潮。优秀的传统望远镜中的卡塞格林焦点在最好的工作状态下,可以将 80% 的几何光能集中在 0.6″ 范围内,而采用新技术制造的新一代大型望远镜可将 80% 的光能集中在 0.2″~0.4″,甚至更好。

下面对几个有代表性的大型望远镜分别作一些介绍:

(1) 凯克望远镜

凯克望远镜 Keck Ⅰ 和 Keck Ⅱ 分别在 1991 年和 1996 年建成,这是当时世界上已投入工作的最大口径的光学望远镜。这两台完全相同的望远镜都放置在夏威夷的莫纳克亚山上，将它们放在一起是为了做干涉观测。

它们的口径都是 10 米，由 36 块六角镜面拼接组成。每块镜面口径均为 1.8 米，而厚度仅为 0.1 米。通过主动光学支撑系统，可以使镜面保持极高的精度。在望远镜的焦面上有三个设备：近红外照相机、高分辨率 CCD 探测器和高色散光谱仪。

"像凯克这样的大望远镜，可以让我们沿着时间的长河，探寻宇宙的起源，还可以让我们看到宇宙最初诞生的时刻。"

（2）欧洲甚大光学望远镜

欧洲南方天文台自 1986 年开始，着手研制由 4 台 8 米口径望远镜组成的等效口径为 16 米的光学望远镜（Very Large Telescope，VLT）。这些望远镜排列在一条直线上。它们均为里奇·克莱琴（Ritchey-Chretien）光学系统，焦比是 $F/2$，采用地平装置。主镜采用主动光学系统支撑，指向精度为 $1''$，跟踪精度为 $0.05''$，镜筒重量为 100 000 千克，叉臂重量不到 120 000 千克。这 4 台望远镜可以组成一个干涉阵进行干涉观测，也可以单独使用。

（3）双子望远镜

双子望远镜（GEMINI）是以美国为主导的一个多国参与的望远镜，由美国大学天文联盟负责实施。它由两个 8 米口径的望远镜组成，一个放在北半球，一个放在南半球，以进行全天系统观测。其主镜采用主动光学控制，副镜作为倾斜镜以进行快速改正。它还将通过自适应光学系统使红外区的观测波段接近衍射极限。

该工程于 1993 年 9 月开始启动，第一台于 1998 年 7 月在夏威夷开光，第二台于 2000 年 9 月于智利赛拉帕琼台址开光，整个系统在 2001 年验收后正式投入使用。

（4）昴星团光学/红外望远镜

这是一台 8 米口径的光学/红外望远镜（SUBARU）。它有三个特点：一是镜面薄，通过主动光学和自适应光学技术获得较高的成像质量；二是可实现 0.1″的高精度跟踪；三是采用圆柱形观测室，自动控制通风和空气过滤器，使热湍流的排除达到最佳条件。此望远镜采用桁架式结构，可使主镜框与副镜框在移动中保持平行。由日本天文社团所属，位于美国夏威夷。

（5）大天区面积多目标光纤光谱天文望远镜（Large Sky Area Multi-Object Fibre Spectroscopic Telescope，LAMOST）。

这是中国已建成的有效通光口径为 4 米、焦距为 20 米、视场达 20 平方度的中星仪式反射施密特望远镜，又称为"郭守敬望远镜"。它的技术特色是：

① 把主动光学技术应用在反射施密特系统，在跟踪天体运动中作实时球差改正，实现大口径和大视场兼备的功能。

② 球面主镜和反射镜均采用拼接技术。

③ 多目标光纤（可达 4000 根，一般望远镜只有 600 根）的光谱技术是一个重要突破。

LAMOST 把观测的极限星系星等降低到 20.5 等，比斯隆数字化巡天（Sloan Digital Sky Survey，SDSS）计划高 2 等左右，可以实现对 107 个星系的光谱普测，把观测目标的数量提高了 1 个量级。

（6）射电望远镜

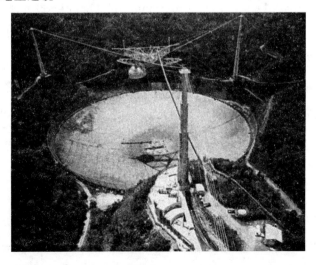

射电望远镜

1932 年，用无线电天线探测到来自银河系中心（人马座方向）的射电辐射，标志着人类打开了在传统光学波段之外进行观测的第一个窗口。

第二次世界大战结束后，射电望远镜的发明和使用带来了一系列重大的宇宙天文发现。

英国曼彻斯特大学于 1946 年建造了直径为 66.5 米的固定式抛物面射电望远镜，1955 年又建成了当时世界上最大的可转动式抛物面射电望远镜；到了 20 世纪 60 年代，美国在波多黎各的阿雷西博镇建造了直径达 305 米的抛物面射电望远镜。它是顺着山坡固定在地表面上的，不能转动。1974 年改建，由 38 774 块铝板拼成球面。80 年代又扩建为直径 366 米。

1962 年，综合孔径射电望远镜的成功建造，实现了由多个较小天线组成后，获得相当于大口径单天线所能取得的效果。

1967 年第一次记录到了甚长基线射电（very-long-baseline interferometry，VLBI）干涉条纹。

70 年代，联邦德国在玻恩附近建造了 100 米口径的全向转动抛物面射电望远镜，这是世界上最大的可转动单天线射电望远镜。

80 年代以来，欧洲的 VLBI 网（EVN）、美国的 VLBA 阵和日本的空间 VLBI（VLBI Space Observatory Programme，VSOP）相继投入使用，这是新一代射电望远镜的代表，它们在灵敏度、分辨率和观测波段上都大大超过了以往的望远镜。

中国科学院上海天文台和乌鲁木齐天文站的两架 25 米口径射电望远镜作为正式成员，参加了美国的地球自转连续观测计划（continuous observation of the rotation of the earth，CORE）和欧洲的甚长基线干涉网（European VLBI network，EVN），这两个计划分别用于地球自转和高精度天体测量研究（CORE）和天体物理研究（EVN）。这种由各国射电望远镜联合进行甚长基线干涉观测的方式，起到了任何一个国家单独使用大望远镜都不能达到的效果。

另外，美国国家射电天文台（National Radio Astronomy Observatory，NRAO）研制的 100 米单天线望远镜（Green Bank telescope，GBT），采用了无遮挡（偏

馈)、主动光学等设计。该天线目前已经投入使用。

　　国际上将联合建造接收面积为 1 平方千米的低频射电望远镜阵(square kilometre array,SKA),该计划将使低频射电观测的灵敏度提高约两个量级。

　　在增加射电观测波段覆盖方面,美国史密松天体物理天文台和中国台湾天文与天体物理研究院正在夏威夷建造国际上第一个亚毫米波干涉阵(Submillimeter array,SMA),它由 8 个 6 米口径的天线组成,工作频率从 180 吉赫到 700 吉赫,部分设备已经安装。美国的毫米波阵(millimeter array,MMA)和欧洲的大南天阵(large southern array,LSA)将合并成为一个新的毫米波阵计划——阿塔卡马大型毫米[1 亚毫米]波阵(Atacama Large millimeter/Submillimeter array,ALMA)。这个计划将有 64 个 12 米天线组成,最长基线达到 10 千米以上,工作频率从70 吉赫到 950 吉赫。

　　在提高射电观测的角分辨率方面,新一代的大型设备大多数考虑采用干涉阵的方案。为了进一步提高空间 VLBI 观测的角分辨率和灵敏度,第二代空间 VLBI 计划——高级空地射电干涉仪(advanced radio interferometer between space and earth,ARISE)(25 米口径)已经提出。

　　相信这些设备的建成并投入使用将会使射电天文成为宇宙天文学的重要研究手段,并会为宇宙天文学发展带来绝佳的发展机会。

　　2013 年 12 月 31 日,世界最大口径球面射电望远镜——500 米口径球面射电望远镜(five hundred meter aperture spherical radio telescope, FAST)在贵州省黔南布依族苗族自治州平塘县

最大的红外天文望远镜

实现圈梁顺利合龙。该望远镜口径为 500 米,占地约 30 个足球场大小。项目于 2008 年 12 月 26 日奠基,预计 2016 年 9 月建成。

　　该望远镜建成后,其口径将远超德国波恩的 100 米望远镜和美国波多黎各阿雷西博的 300 米望远镜,将在未来 20～30 年保持世界一流设备的地位。

我们知道,地球大气对电磁波有严重的吸收,我们在地面上只能进行射电、可见光和部分红外波段的观测。随着空间技术的发展,在大气外进行观测已成为可能,所以就有了可以在大气层外观测的空间望远镜。空间观测设备与地面观测设备相比,有极大的优势:以光学望远镜为例,望远镜可以接收到宽得多的波段,短波甚至可以延伸到 100 纳米。没有大气抖动后,望远镜的分辨本领得到很大提高。此外,空间没有重力,仪器也不会因自重而变形。后面介绍的紫外望远镜、X 射线望远镜、γ 射线望远镜以及部分红外望远镜的观测都是在地球大气层外进行的,也属于空间望远镜。

(1) 哈勃空间望远镜

哈勃空间望远镜(Hubble space telescope,HST)是由美国宇航局主持建造的四座巨型空间天文台中的第一座,也是所有天文观测项目中规模最大、投资最多、最受到公众注目的一项。它筹建于 1978 年,设计历时 7 年,1989 年完成,并于 1990 年 4 月 25 日由航天飞机运载升空,耗资 30 亿美元。但是由于人为原因造成了主镜光学系统的球差,所以人们不得不在 1993 年 12 月 2 日对其进行了规模浩大的修复工作。成功修复后的 HST 性能达到甚至超过了原先设计的目标。观测结果表明,它的分辨率比地面的大型望远镜高出几十倍。

在 1997 年进行的维修中,人们为 HST 安装了第二代仪器:有空间望远镜成像光谱仪、近红外照相机和多目标摄谱仪,把 HST 的观测范围扩展到了近红外,并提高了紫外光谱观测的效率。

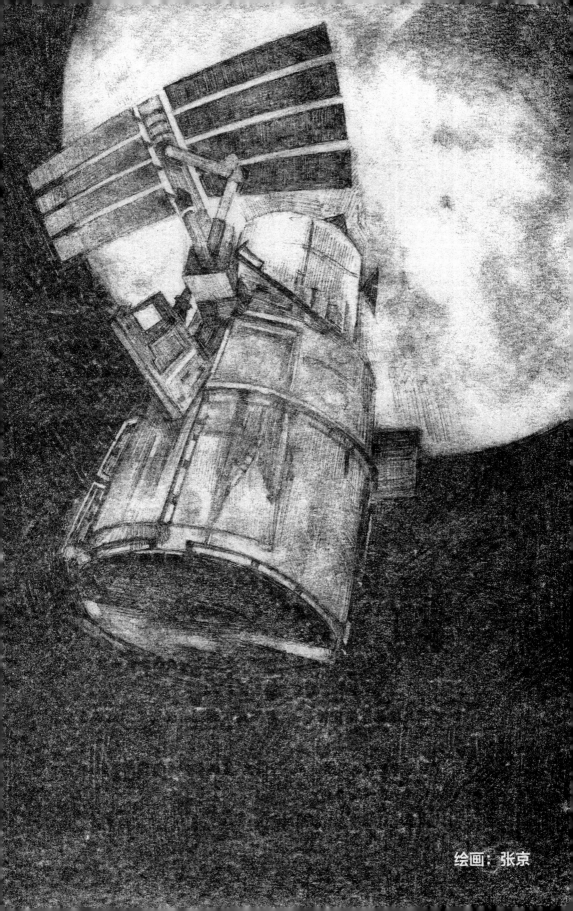

绘画：张京

1999 年 12 月的维修为 HST 更换了陀螺仪和新的计算机，并安装了第三代仪器——高级普查摄像仪，这将提高 HST 在紫外—光学—近红外的灵敏度和成像性能。

HST 对宇宙天文学的发展起到了很重要的作用。

（2）其他空间天文望远镜

"新一代太空望远镜"（next generation space telescope，NGST）和"空间干涉测量任务"（space interferometry mission，SIM）是 NASA"起源计划"的关键项目，用于探索在宇宙最早期形成的第一批星系和星团。其中，NGST 是大孔径被动制冷望远镜，口径在 4～8 米之间，是 HST 和空间红外望远镜（space infrared telescope facility，SIRTF）的后续项目。它强大的观测能力特别体现在光学、近红外和中红外的大视场、衍射成像方面。将运行于近地轨道的 SIM 采用迈克尔干涉方案，提供毫角秒级精度的恒星的精密绝对定位测量，同时由于其具有综合成像能力，能产生高分辨率的图像，所以可以用于实现搜索其他行星等科学目的。

"全天天体测量干涉仪"（global astrometric interferometer for astrophysics，GAIA）将会在对银河系的总体几何结构及其运动学做全面和彻底的普查，并在此基础上开辟广阔的天体物理研究领域。GAIA 采用菲索干涉方案，视场为 1°。GAIA 和 SIM 的任务在很大程度上是互补的。

无人的空间天文观测只能依靠事先设计的观测模式自动进行，非常被动。如果能在月球表面建立月基天文台，那么就能化被动为主动，大大提高观测精度。"阿波罗 16 号"登月时，宇航员在月面上拍摄的大麦哲伦星云照片表明，月面是理想的天文观测场所。建立月基天文台具有以下优点：

（1）月球上为高度真空状态，比空间天文观测设备所在位置还要低百万倍。

（2）月球为天文望远镜提供了一个稳定、坚固和巨大的观测平台，在月球上观测只需极简单的跟踪系统。

（3）月震活动只相当于地震活动的 10^{-8}，这一点对于在月面上建立几十至数百公里的长基线射电、光学和红外干涉系统是很有利的。

（4）月球表面上的重力只有地球表面重力的1/6，这会给天文台的建造带来方便。另外，在地球上所有影响天文观测的因素，比如大气折射、散射和吸收，无线电干扰等，在月球上均不存在。

美国、欧洲和日本都计划在未来几年内再次登月，并在月球上建立永久居住区。可以预料，人类在月球上建立永久性基地后，建立月基天文台是可以期待的。

但是，对于宇宙、天文的科研领域来讲，空间观测项目是有局限性的。经费需求相当可观，如世界上最大的地面光学望远镜凯克的建设费用（7000万～9000万美元）要少于一颗普通的空间探测卫星的研制和发射费用。并且，空间天文观测的难度高、仪器的接收面积小、运行寿命短、难以维修，所以它并不能取代地面天文观测。在21世纪，空间观测与地面观测将是天文观测相辅相成的两翼。

我们知道，在地球表面有一层浓厚的大气，大气中各种粒子与天体辐射的相互作用（主要是吸收和反射），使得大部分波段范围内的天体辐射无法到达地面。人们把能到达地面的波段形象地称为"大气窗口"，这种"窗口"有三个。

（1）光学窗口：这是最重要的一个窗口，波长在300～700纳米之间，包括了可见光波段（400～700纳米）。光学望远镜一直是地面天文观测的主要工具。

（2）红外窗口：红外波段的范围在0.7～1000微米之间，由于地球大气中不同分子吸收红外线波长不一致，造成红外波段的情况比较复杂。对于天文研究常用的有七个红外窗口。

（3）射电窗口：射电波段是指波长大于1毫米的电磁波。大气对射电波段也有少量的吸收，但在40毫米～30米的范围内，大气几乎是完全透明的。我们一般把1毫米～30米的范围称为射电窗口。

大气对于其他波段，比如紫外线、X射线、γ射线等均为不透明的，在人造卫星上天后才实现这些波段的天文观测。

（1）红外观测

最早的红外观测可以追溯到 18 世纪末。但是，由于地球大气的吸收和散射，在地面进行红外观测只能局限于几个近红外窗口。要获得更多红外波段的信息，就必须进行空间红外观测。现代的红外天文观测兴盛于 19 世纪 60、70

天文望远镜

年代，当时是采用高空气球和飞机搭载红外望远镜或探测器进行观测。

1983 年 1 月 23 日，美、英、荷联合发射了第一颗红外天文卫星（infrared astronomical satellite，IRAS）。其主体是一个口径为 0.57 米的望远镜，主要从事巡天工作。IRAS 的成功极大地推动了红外天文在各个层次的发展。直到现在，IRAS 的观测源仍然是天文学家研究的热点目标。

1995 年 11 月 17 日，欧洲、美国和日本合作的红外空间天文台（infrared space observatory，ISO）发射升空并进入预定轨道。ISO 的主体是一个口径为 0.6 米的 RC 式望远镜，它的功能和性能均比 IRAS 有许多提高。它携带了 4 台观测仪器，分别实现成像、偏振、分光、光栅分光、法布里—珀罗（F—P）干涉分光、测光等功能。与 IRAS 相比，ISO 从近红外到远红外，有着更宽的波段范围；有更高的空间分辨率；更高的灵敏度（约为 IRAS 的 100 倍）；以及更多的功能。

ISO 的实际工作寿命为 30 个月，用于对目标进行定点观测（IRAS 的观测是巡天观测），这能有的放矢地解决天文学家提出的问题。预计在今后的几年中，以 ISO 数据为基础的研究将会成为天文学的热点之一。

红外望远镜与光学望远镜有许多相同或相似之处，因此可以对地面的光学望远镜进行一些改装，使它能同时也可从事红外观测。这样就可以用这些望远镜在月夜或白天进行红外观测，更大地发挥观测设备的效率。

（2）紫外波段观测

紫外波段是介于 X 射线和可见光之间的频率范围。在历史上紫外和可见光的划分界限在 3900 埃,当时的划分标准是肉眼能否看到。现代紫外天文学的观测波段为 3100~100 埃,和 X 射线相接,臭氧层对电磁波的吸收界限在这里。紫外观测必须位于距离地表 150 千米的高度,以避开臭氧层和大气的吸收。第一次紫外观测是用气球将望远镜载上高空,后来用了火箭、航天飞机和卫星等航天技术,才使紫外观测有了真正的发展。

1968 年美国发射了 OAO 轨道天文台—2(orbiting astronomical observatory-2,OAO-2),之后欧洲也发射了特德—1A(TD-1A),它们的任务是对天空的紫外辐射作一般性的普查观测。被命名为"哥白尼号"的 OAO-3 于 1972 年发射升空,它携带了一架 0.8 米口径的紫外望远镜,正常运行了 9 年,观测了波长在 950~3500 埃的天体紫外谱。

1978 年发射了国际紫外探测者(international ultraviolet explorer,IUE),虽然其望远镜的口径比"哥白尼号"小,但检测灵敏度有了极大的提高。IUE 的观测数据成为重要的天体物理研究资源。

1990 年 12 月 2 日—11 日,"哥伦比亚号"航天飞机搭载在"天星一号"紫外天文卫星(Astro-1)台作上,第一次实现了紫外光谱的天文观测;1995 年 3 月 2 日开始,天星二号紫外天文卫星(Astro-2)完成了为期 16 天的紫外天文观测。

1992 年美国宇航局发射了一颗观测卫星——极紫外探测器(extreme ultra-violet explore,EUVE),是在极远紫外波段作巡天观测。

1999 年 6 月 24 日,远紫外探测器(far ultraviolet spectroscopic explorer,FUSE)卫星发射升空,这是 NASA 的"起源计划"项目之一,其任务是要回答天文学有关宇宙演化的基本问题。

紫外天文学是全波段天文学的重要组成部分,自"哥白尼号"升空至今的 30 年中,已经发展了紫外波段的极端紫外(EUV)、远紫外(FUV)、紫外(UV)等多种探测卫星,覆盖了全部紫外波段。

(3) X 射线观测

X 射线辐射的波段范围是 0.01~10 纳米,其中波长较短(能量较高)的称为"硬 X 射线"，波长较长的称为"软 X 射线"。天体的 X 射线是根本无法到达地面的，因此只有在 60 年代人造地球卫星上天后，天文学家才获得了重要的观测成果，X 射线天文学才发展起来。早期主要是对太阳的 X 射线进行观测。

1962 年 6 月，美国麻省理工学院的研究小组第一次发现来自天蝎座方向的强大 X 射线源，这使非太阳 X 射线天文学进入了较快的发展阶段。70 年代，高能天文台 1 号（high energy astronomical observatory-1，HEAO-1）、2 号（HEAO-2）两颗卫星发射成功，首次进行了 X 射线波段的巡天观测，使 X 射线的观测研究向前迈进了一大步。80 年代以来，各国相继发射卫星，对 X 射线波段进行研究。

1987 年 4 月，由苏联的火箭将德国、英国、苏联及荷兰等国家研制的 X 射线探测器送入太空。

1987 年日本的"银河号"[X 射线天文卫星]（Astro-C）发射升空。

1989 年，苏联发射了一颗石榴号高能天文卫星（GRANAT），它载有苏联、法国、保加利亚和丹麦等国研制的 7 台探测仪器，主要工作为成像、光谱和对爆发现象的观测与监测。

1990 年 6 月，伦琴 X 射线天文台（Röntgen satellite，ROSAT）进入地球轨道，为研究工作取得大批重要的观测资料，目前它已基本完成预定的观测任务。

1990 年 12 月，"哥伦比亚"号航天飞机将美国的"宽带 X 射线望远镜"（broad band X ray telescope，BBXRT）带入太空进行了为期 9 天的观测。

1993 年 2 月，日本的"飞鸟"（Asuka）X 射线探测卫星由火箭送入轨道。

1995 年底美国发射了 X 射线时变探测器（X ray timing explorer，XTE）

1999 年 7 月 23 日，美国成功发射了钱德拉 X 射线天文台（Chandra X ray observatory，CHANDRA）。

1999 年 12 月 13 日，欧洲空间局发射了一颗名为 X 射线多镜望远镜（X ray multi-mirror mission，XMM）的卫星。

以上这些项目和计划表明，未来将会是一个 X 射线观测和研究的高潮。

（4）γ射线观测

γ射线比硬X射线的波长更短、能量更高。由于地球大气的吸收，γ射线天文观测只能通过高空气球和人造卫星搭载的仪器进行。

1991年，美国的康普顿γ射线天文台（Compton γ ray observatory，CGRO）由航天飞机送入地球轨道。它的主要任务是进行γ波段的首次巡天观测，同时也对较强的宇宙γ射线源进行高灵敏度、高分辨率的成像，进行能谱测量和光变测量，目前已取得了许多有重大科学价值的结果。

受到康普顿空间天文台成功的鼓舞，欧洲和美国的科研机构合作制订了一个新的γ射线望远镜计划——国际γ射线天体物理实验室（international γ ray astrophysics laboratory，INTEGRAL），在2002年送入太空，它的上天为康普顿空间天文台之后的γ射线天文学的进一步发展奠定了基础。

航天科技、空间天文台的使用，为宇宙天文学注入了新的活力，获得了许多新发现和新成果。

星云

这是位于美国亚利桑那州葛理翰山大学国际天文台天文望远镜(目前世界上最大的双目光学天文望远镜)拍到的第一张宇宙天体图片，这是一个距离地球1.02亿光年的螺旋形星系。

4.1.2　分光学、光度学、光谱学和照相术应用于宇宙、天文领域

光学望远镜精密度越来越高、口径越来越大，从而不断发现新天体、观测到新的天象。分光学、光度学、光谱学和照相术的出现，并应用于宇宙天文学

领域,逐步奠定了太阳物理学、恒星物理学等天体物理学分支学科的基础。自从基尔霍夫说明了吸收线的产生原因以后,分光学在天体观测中就起了极重要的作用。通过观测和研究,人们不但能测定天体的温度、密度、压强等物理特性,而且还能得到天体化学成分的数据。太阳色球的单色光观测研究、太阳黑子磁场的发现、造父变星周光关系的发现、赫罗图的建立、星际消光的证明、星系是由恒星和星际物质组成的证明、星系的谱线红移以及银河系自转、恒星自转、星协、星链以至天王星光环的发现,都是光学天文学的重大成就。近几十年来射电天文学的兴起、红外天文学的复兴,以及紫外天文学、X射线天文学、γ射线天文学的诞生,使现代天体物理学进入自然科学的前沿阵地。光学天文学与上述各分支学科相互配合,仍然不断做出贡献,促进有关学科向前发展。

1. 太阳光的分解

1666年,牛顿用三棱镜分解白光,发现全色白光可分解为七色单色光。

1802年,英国物理学家沃拉斯顿(1766—1828)在棱镜前加狭缝观测太阳,在彩带上发现暗线。

1814年,德国光学家夫琅禾费(1787—1826)制成第一台分光镜。他研究太阳光谱时,发现夫琅禾费线。

1853年,瑞典天文学家埃斯特罗姆(1814—1874)发现灼热气体会产生发射线,就是太阳光谱中的吸收线。

2. 光谱分析术的发明

1858年至1859年,德国化学家本生(1811—1899)与基尔霍夫(1824—1887)合作,发现了根据光谱判断元素的方法——光谱分析术。

3. 基尔霍夫定律的发现

基尔霍夫以实验探索太阳光谱中夫琅禾费线的本质,从而发现了基尔霍夫定律。这是认识太阳和恒星大气化学成分的准则。

4. 氦的发现

1868年8月18日,法国天文学家让桑(1824—1907)研究了日全食时日珥的光谱,发现一条橙黄色的明线。同年10月,英国天文学家洛基尔(1836—

1920)也有同一发现。他们都报告给了法国科学院。

1869年,洛基尔认为此谱线来自一种新元素,命名为氦(helium,来源于希腊神话中太阳神 Helios)。

1895年,英国化学家雷姆塞(1852—1916)在地球上发现这一元素。氦的发现证明了天体分光术的巨大成功。

5. 恒星光谱的分光观测

(1) 恒星光谱的观测和初步分类

1859年,英国的哈金斯(1824—1910)在0.2米口径望远镜上安装了高色散分光镜,用以观测亮星光谱。

1863年,意大利的塞奇(1818—1878)用低色散的分光镜观测了大量恒星。他于1868年提出一种光谱分类法,分类了4000颗恒星。

① 白色星,光谱中只有几条氢的吸收线;

② 黄色星,光谱同太阳光谱;

③ 橙色星和红色星,光谱里有明暗相间的暗带;

④ 暗红色星。

(2) 恒星光谱的谱线位移

1842年,奥地利物理学家多普勒(1803—1853)发现振动时振动波长会发生改变。

$$\Delta\lambda = \lambda \cdot V/V_s$$

式中,V_s 为声速或光速,V 为源运动速度,λ 为无运动振动波长。这被称为"多普勒效应"。

1868年,哈金斯根据恒星光谱的谱线位移测出了天狼星视向速度。视向速度的测量带来了许多重要的天文发现,如分光双星、新星和超新星的爆发、天体和天体系统的自转、可观测宇宙的膨胀等。

6. 天体测光术的发明和发展

(1) 恒星亮度的日视测量

公元前2世纪,古希腊天文学家依巴各首次估计出了恒星的视星等。

1782 年,英国业余天文学家古德里克(1764—1786)发现变星大陵五(英仙座 β)的光变周期。1785 年和 1786 年,他又先后发现两颗变星造父一(仙王座 δ)和渐台二(天琴座 β)。由此开创了变星光度测量。

1852 年至 1859 年,阿格兰德和匈费尔德(1828—1891)测量了恒星位置,并估计了星等,1863 年发表了 BD 星表。1875 年至 1884 年,匈费尔德测量了南天星空,并于 1886 年发表了 SD 星表。两星表共包含了 457 874 颗星。这是目视方法估计星等最宏伟的工作。

(2) 普森公式

19 世纪上半叶,德国生理学家费希内尔(1807—1887)推出"感觉度随刺激度的对数变化"。

1856 年,英国天文学家普森(1829—1891)建立了光度与星等间的基本关系式:

$$m_1 - m_2 = -2.5 \lg E_1/E_2 \text{。}$$

普森公式为星等与光度之间的关系建立了定量关系,为科学的测光工作打下了基础。

(3) 目视光度计的发明

① 偏振光度计。1859 年,德国天文学家泽尔纳(1834—1882)发明了偏振光度计。

并于 1861 年发表了有 266 颗亮星的光度星表。

② 光劈光度计。英国天文学家普里恰尔特(1808—1893)发明了光劈光度计。

并于 1885 年发表了有 2784 颗星的光度星表。

目视光度计的出现,从理论上和实测上开创了科学的天文光度学。

7. 天体照相术的应用

(1) 照相术的发明和发展

1827 年,法国艺术家尼普斯(1765—1833)拍出了人类历史上第一张照片。

19 世纪 30 年代,法国艺术家达盖尔(1789—1851)发明用碘化银作底板的照相术。

后来,约翰·赫歇尔发明定影术。

1851 年,英国摄影师斯科特-阿切尔(1813—1857)发明珂珞酊湿片法。

1871 年,英国化学家马多克斯(1816—1902)发明明胶干板。

后来,有人提出底片敏化法。

德国化学家沃格尔(1834—1898)发明、扩展了光谱响应。

（2）照相术用于拍摄天体

1840 年,美国化学家约翰·德雷珀(1811—1882)拍摄月亮,得到了世界上第一张天文照片,标志着天体摄影时代开始。

1896 年,法国物理学费佐(1819—1896)和傅科(1819—1868)在巴黎天文台首次拍摄太阳照片,照片上可见黑子。

1849 年,美国天文学家威廉·邦德(1789—1859)拍出清晰的月亮照片(曝光 20 分钟)。

1850 年,邦德与摄影家惠普尔合作,首次拍到了恒星——织女星。

1852 年,天文学家德拉鲁(1815—1889)拍摄到了清晰的月亮(曝光 30 秒)。1860 年拍到了日全食时的日珥照片。

1857 年,惠普尔拍到了开阳(大熊座 δ)和辅(开阳的伴星)的照片。

1882 年,英国天文学家吉尔(1843—1914)拍到了大彗星照片,且恒星的像很清晰。

（3）照相术用于天体位置测量

1885 年至 1891 年,吉尔拍摄了南天星空照片。1886 年至 1889 年,荷兰天文学家卡普坦(1851—1922)测量了底片上恒星的位置。并于 1896 年至 1900 年发表了《好望角巡天星表》,刊载有 454 875 颗恒星($m>10^m,\delta:-10°\sim-90°$)。

（4）照相术用于拍摄天体光谱

1863 年,哈金斯首次拍摄了恒星的连续光谱。

1872 年,美国天文学家亨利·德雷珀拍摄织女星光谱,得到 4 条氢线。

19 世纪末,哈佛大学天文台拍摄了大量恒星光谱,从而创立了哈佛光谱分类法。

照相法具有客观性、文献性、累积性的特点,因而得到了快速发展。

4.1.3　天体距离的测量

1. 恒星距离的测定

（1）斯特鲁维的工作

俄国天文学家 B. Я. 斯特鲁维（1793—1864）于 1836 年用 0.24 米口径消色差望远镜对织女星（天琴座 α）和近旁的一颗 10.5 等星作相对观测,测得视差为 0.125″（今值 0.121″）。

（2）贝塞尔的工作

德国天文学家贝塞尔（1784—1846）选天鹅座 61 为观测目标,以两颗距离 8′和 12′的暗星为参照星进行测量。1838 年发表视差值为 0.314″（今值 0.294″）。

（3）亨德森的工作

英国天文学家亨德森（1798—1844）,在 1831 年至 1833 年期间测量了半人马座 α。1839 年归算处理后,宣布视差为 1.16″（今值 0.76″）。

2. 天体距离的测量方法

（1）三角形法测量

在远离城市的旷野,我们在晴朗的夜空里可以看到满天的星星。可以发现,大多数星星的相互位置是不变的,天空就像是一张布满了亮点的大幕。这个大幕会慢慢地移动,它就叫做"天球面",其示意图如下页图所示。

天球面并不是真实存在的,它只是看起来存在。这是因为,在地球绕着太阳公转的一年之中,距离大于 300 光年的星星在天球面上的位置看起来是不动的,于是这些星星看上去就形成了天球面。

实际上,也可以认为,天球面就是以太阳为球心、半径为 300 光年的一个球面。各种星座,如大熊星座、小熊星座……中国的、外国的,都分布在天球面上。而距离小于 300 光年的星星看起来像是在天球面上画出一个椭圆轨迹。

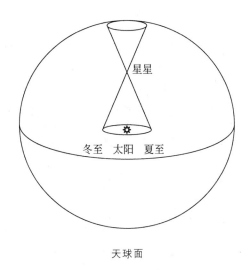

天球面

这个轨迹所张的最大的角叫做该星星的岁差。显然,有了岁差和日地距离,我们就可以计算得知这个星星的距离了。1 弧秒的天空距离叫做"1 秒差距",1 秒差距大约等于 3 光年。这种度量星星距离的方法叫做三角形法。

（2）超远距离度量的阶梯

对于距离大于 300 光年的星星,岁差几乎为 0。三角形法没有办法用了。人们只得找其他办法。对于遥远的星星,我们接触到的只有它的光。所以,只能从光着手。

晚上看书时,如果觉得暗了,可以移动得离灯近一些;或者,把灯移近些。这个常识告诉我们:灯的亮度与距离相关。星星也是这样,离我们近的,亮些;远的,暗些。问题是,必须要用同一种"灯",同一种"灯泡",测量恒星时类似,必须使用同一种、比较标准的星星。

星星有许多种,亮度差别很大。经过认真观测、选择,科学家发现一些星星的亮度是变化的。例如,一种叫做"造父变星"的,其亮度变化是很有规律的。由造父变星的周光关系可以确定视差。

这样,根据这个规律,我们就可以找出许多造父变星。先用三角形法测量出比较近(小于 300 光年)的造父变星的亮度和距离。那么,测量其他造父变星的亮度,再与已经知道距离的造父变星的亮度比较,就可以得到其他造父变星的距离了。

这样,科学家一级一级地,就可以把测量的距离越扩越大。下表是通过这种方法得到的一些天体距离。

测量的部分天体距离

	天琴座 RR 型星	造父变星	新星	超巨星	超新星
最大距离/兆光年	0.6	6	13	50	320

还有测定恒星距离常使用一些间接的方法,如分光视差法、星团视差法、统计视差法等。这些间接的方法都是以三角视差法为基础的。自 20 世纪 20 年代以后,许多天文学家开展了这方面的工作,到 20 世纪 90 年代初,已有 8000 多颗恒星的距离被用照相方法测定。在 20 世纪 90 年代中期,依靠"依巴谷"卫星进行的空间天体测量获得成功,在大约 3 年的时间里,以非常高的准确度测定了 10 万颗恒星的距离。

4.2　经典宇宙理论的创立与发展

4.2.1　经典宇宙理论的力学和数学基础

1687 年,牛顿出版巨著《自然哲学的数学原理》。

17 世纪下半叶,牛顿和德国数学家莱布尼茨各自独立创立了微积分。

18 世纪中叶,欧拉和拉格朗日等人创立了分析力学。

瑞士科学家欧拉(1707—1783)于 1744 年出版《行星和彗星的运动理论》,这是经典天体力学的第一部著作。

1748 年至 1752 年期间,欧拉在研究木星和土

欧拉

星的相互摄动时首创根数变易法,创立摄动理论。

行星运动＝太阳引力作用(开普勒运动)＋摄动→轨道根数变化

1753 年,他提出第一个较完整的月球运动理论,后又提出改进的月球运动理论。

早在 17 世纪,牛顿就提出了力学的基本定律。欧拉特别擅长论证如何把这些定律运用到一些常见的物理现象中。例如,他把牛顿定律运用到流体运动,建立了流体力学方程;同样,他通过认真分析刚体的可能运动,并应用牛顿定律建立了一个可以完全确定刚体运动的方程组。欧拉对弹性力学也做出了贡献。

欧拉的天才还在于他用数学来分析天文学问题,特别是三体问题,即太阳、月亮和地球在相互引力作用下怎样运动的问题。这个问题——21 世纪仍要面临的一个问题——尚未得到完全解决。顺便提一下,欧拉是 18 世纪独一无二的杰出科学家。他支持光波学说,结果证明他是正确的。

欧拉睿智的头脑常常为他人做出著名的发现开拓前进的道路。例如,法国数学家和物理学家约瑟夫·路易斯·拉格朗日创建了一个方程组,叫做"拉格朗日方程"。此方程在理论上非常重要,而且可以用来解决许多力学问题。但是由于基本方程是由欧拉首先提出的,因而通常称为"欧拉-拉格朗日方程";人们一般认为另一名法国数学家让·巴普蒂斯·约瑟夫·傅里叶创造了一种重要的数学方法,叫做"傅里叶分析法",但事实上其基本方程也是由欧拉最初创立的,因而叫做"欧拉—傅里叶方程"。这套方程在物理学的许多不同的领域都有着广泛的应用,其中包括声学和电磁学。

在数学方面,他对微积分的两个领域——微分方程和无穷级数——特别感兴趣。他在这两方面也做出了非常重要的贡献,他对变分学和复数学的贡献为后来所取得的一切成就奠定了基础。此外,欧拉还编写了一本解析几何的教科书,对微分几何和普通几何都做出了有意义的贡献。

欧拉不仅在做可应用于科学的数学发明上得心应手,而且在纯数学领域也具备几乎同样杰出的才能。他是数学的一个分支拓扑学领域的先驱,拓扑

欧拉的贡献之一——拓扑学

学在 20 世纪就已经变得非常重要。

最后要提到的一点也很重要，欧拉对使用的数学符号制作出了重要的贡献。例如，常用的希腊字母 π 代表圆周率就是他提出来的。他还引出许多其他简便的符号，数学中经常使用到。

欧拉的著述浩瀚，不仅包含科学创见，而且富有科学思想，他给后人留下了极其丰富的科学遗产和为科学献身的精神。历史学家把欧拉同阿基米德、牛顿、高斯并列为数学史上的"四杰"。

拉格朗日(1736—1813)是法国科学家，1788 年发表巨著《分析力学》。

拉格朗日

他研究了太阳系的稳定性问题，1774 年至 1776 年又讨论了行星轨道的半长轴 a 和偏心率 e 是否有长期摄动，证明 a 的变化是周期的。提出了计算长期摄动方法，并与拉普拉斯一起提出了在一阶摄动下的太阳系稳定性定理。此外，拉格朗日级数在摄动理论也中有广泛应用。

天体力学是在牛顿发表万有引力定律(1687)时诞生的，很快就成为天文学的主流。它的学科内容和基本理论是在 18 世纪后期建立的。其主要奠基者为欧拉、A. C. 克莱罗、达朗贝尔、拉格朗日和拉普拉斯。最后由拉普拉斯集大成而正式建立经典天体力学。拉格朗日一生的研究工作中，约有一半同天体力学有关。但他主要是数学家，他把力学作为数学分析的一个分支,而又把天体力学作为力学的一个分支对待。虽然如此,他在天体力学的奠基过程中,仍作出了重大历史性贡献。

拉格朗日创立分析力学使力学发展到新的阶段。首先,在建立天体运动方程上,拉格朗日用他在分析力学中的原理和公式,建立起各类天体的运动方程。其中,特别是根据他在微分方程解法时所用的任意常数变异法,建立了以天体椭圆轨道根数为基本变量的运动方程,仍称作"拉格朗日行星运动方程"。它推广了牛顿第二运动定律,使得在任意坐标系下都有统一形式的运动方程,便于处理各种约束条件等优点,至今仍为动力学中的最重要的方程。此方程对摄动理论的建立和完善起了重大作用,得到达朗贝尔和拉普拉斯的高度评价。

在天体运动方程解法中,拉格朗日的重大历史性贡献是发现三体问题运动方程的五个特解,即拉格朗日平动解。其中两个解是三体围绕质量中心作椭圆运动过程中,永远保持等边三角形。他的这个理论结果在 100 多年后得到证实。1907 年 2 月 22 日,德国海德堡天文台发现了一颗小行星(后来命名为希腊神话中的大力士阿基里斯(Achilles),编号为 588),它的位置正好与太阳、木星形成等边三角形。到 1970 年之前,人们已发现 15 颗这样的小行星,都以希腊神话中特洛伊(Troy)战争中将帅们的名字命名。有 9 颗位于木星轨道上前面 60°处的拉格朗日特解附近,名为希腊人(Greek)群;有 6 颗位于木星轨道上后面 60°处的解附近,名为特洛伊(Trojan)群。1970 年以后,人们又陆续发现 40 多颗小行星位于此两群内,其中我国紫金山天文台发现 4 颗,但尚未命名。至于为什么在特解附近存在小行星,是因为这两个特解是稳定的。1961 年,人们又在月球轨道前后发现与地月组成等边三角处聚集有流星物质,这是拉格朗日特解的又一证明。至今尚未找到肯定在三个拉格朗日共线群(三体共线情况)处附近的天体,因为这三个特解不稳定。

在具体的天体运动研究中,拉格朗日也有大量重要贡献,其中大部分是参加巴黎科学院征奖的课题。他的月球运动理论研究论文多次获奖。1763 年完成的"月球天平动研究"获 1764 年度奖,此文较好地解释了月球自转和公转的角速度差异，但对月球赤道和轨道面的转动规律解释得不够好，后来在1780 年完成的论文解决得更好；获 1772 年度奖的就是著名的三体问题论文，也是针对月球运动研究写出的；获 1774 年度奖的论文为"关于月球运动的长期差"，其中第一次讨论了地球形状和所有大行星对月球的摄动；关于行星和彗星运动的论文也有两次获奖；1776 年度获奖的是他在 1775 年完成的三篇论文，其中讨论了行星轨道交点和倾角的长期变化对彗星运动的影响；1780 年度的获奖论文就是提出著名的拉格朗日行星运动方程的那篇；获 1766 年度奖的论文是"木星的卫星运动的偏差研究……"，其中第一次讨论了太阳引力对木星的 4 个卫星运动的影响，结果比达朗贝尔的更好。

拉格朗日从事的天体力学课题还有很多，如在柏林时期的前半部分，还研究了用 3 个时刻的观测资料计算彗星轨道的方法，所得结果成为轨道计算的基础。另外他还得到了一种力学模型——两个不动中心问题的解，这是欧拉已讨论过的，又称为"欧拉问题"。拉格朗日将其推广到存在离心力的情况，故后来又称为"拉格朗日问题"。这些模型现今仍在应用，例如有人将其用作人造卫星运动的近似力学模型。此外，他在《分析力学》中给出的流体静力学的结果，后来又成为讨论天体形状理论的基础。

总的来看，拉格朗日在天体力学的五个奠基者中，所做的历史性贡献仅次于拉普拉斯。他创立的"分析力学"对以后宇宙学的发展有深远的影响。

拉格朗日是 18 世纪的伟大科学家，在数学、力学和天文学三个学科中都有历史性的重大贡献。他的努力促使宇宙学得到了更深入的发展。但由于历史的局限，严密性不够仍然妨碍着他取得更多的成果。

皮埃尔-西蒙·拉普拉斯（1749—1827），法国科学家。是天体力学的主要奠基人、天体演化学的创立者之一，他还是分析概率论的创始人。

1773 年，他证明木星和土星的轨道具有周期性，并给出定理。

拉普拉斯

1799 年至 1825 年出版《天体力学》,共 5 卷 16 册,是天体力学的奠基工作。

拉普拉斯把注意力主要集中在天体力学的研究上面。他把牛顿的万有引力定律应用到整个太阳系。1773 年,他解决了一个当时著名的难题:木星轨道为什么在不断地收缩,而同时土星的轨道又在不断地膨胀。拉普拉斯用数学方法证明行星平均运动的不变性,即行星的轨道大小只有周期性变化,并证明为偏心率和倾角的 3 次幂。这就是著名的拉普拉斯定理。此后他开始对太阳系稳定性问题的研究。1784 年至 1785 年,他求得天体对其外任一质点的引力分量可以用一个势函数来表示,这个势函数满足一个偏微分方程,即著名的拉普拉斯方程。

1786 年,他证明行星轨道的偏心率和倾角总保持很小和恒定,能自动调整,即摄动效应是守恒和周期性的,不会积累也不会消解。拉普拉斯注意到木星的三个主要卫星的平均运动 Z_1、Z_2、Z_3 服从下列关系式:$Z_1 - 3 \times Z_2 + 2 \times Z_3 = 0$。同样,土星的 4 个卫星的平均运动 Y_1、Y_2、Y_3、Y_4 也具有类似的关系:$5 \times Y_1 - 10 \times Y_2 + Y_3 + 4 \times Y_4 = 0$。后人称这些卫星之间存在可公度性,并由此演变出时间之窗的概念。

1787 年,他发现月球的加速度同地球轨道的偏心率有关,从理论上解决了太阳系动态中观测到的最后一个反常问题。

1796 年,他的著作《宇宙体系论》问世,在这部书中,他独立于康德,提出了第一个科学的太阳系起源理论——星云说。对后世影响巨大。

他长期从事大行星运动理论和月球运动理论方面的研究,尤其是特别注意研究太阳系天体摄动、太阳系的普遍稳定性问题以及太阳系稳定性的动力学问题。他在总结前人研究的基础上取得大量重要成果,这些成果集中在 1799 年至 1825 年出版的 5 卷 16 册巨著《天体力学》之内。这部著作第一次提出"天体力学"这一名词,是经典天体力学的代表作。他也因此被誉为法国的"牛顿"和"天体力学之父"。1814 年,拉普拉斯还提出一个科学假设,假定如果有一个智能生物能确定,从最大天体到最轻原子的运动的现时状态,就能按照力学规律推算出整个宇宙的过去状态和未来状态。后人把他所假定的智能生物称为拉普拉斯妖。

法国科学家达朗贝尔(1717—1783)于 1749 年用天体力学方法建立岁差、章动理论。

达朗贝尔

达朗贝尔在数学、力学和天文学等许多领域都做出了贡献。1746 年,他与当时著名的哲学家狄德罗一起编纂了法国《百科全书》,并负责撰写数学与自然科学条目,是法国百科全书派的主要领导者。在百科全书的序言中,达朗贝尔表达了自己坚持唯物主义观点、正确分析科学问题的思想。在这一段时间之内,他还在心理学、哲学、音乐、法学和宗教文学等方面都发表了作品。

《动力学》是达朗贝尔最伟大的物理学著作。在这部书里,他提出了三大运动定律。第一运动定律给出惯性定律的几何证明;第二定律是用数学证明力的分析中的平行四边形法则的;第三定律是用动量守恒来表示的平衡定律。他还提出了达朗贝尔原理,它与牛顿第二定律相似,只是进行了移项。但这是概念上的变化,它的发展在于可以把动力学问题转化为静力学问题处理,这种动静法的观点对力学的发展产生了积极的影响。还可以用平面静力的方法分析刚体的平面运动。这一原理使一些力学问题的分析简单化,而且为分析力学的创立打下了基础。达朗贝尔原理阐明,对于任意物理系统,所有惯性力或施加的外力,经过符合约束条件的虚位移,所做的虚功的总和等于零。作用于一个物体的外力与动力的反作用之和等于零。即

$$F + (-Ma) + N = 0 \qquad (4\text{-}1)$$

其中 M, a 为物体质量和加速度,F 为物体受到的直接外力,N 为物体受到的约束反作用力(也是外力)。

在没有约束时,相应的 $N=0$,式(4-1)成为

$$F - Ma = 0 \qquad (4\text{-}2)$$

$$\sum (F_i - m_i a_i) \cdot \delta r_i = 0$$

　　达朗贝尔原理简化公式。

　　研究有约束的质点系动力学问题的一个原理,由达朗贝尔于 1743 年提出而得名。对于质点系内任一个质点,此原理的表达式为 $F+N-ma=0$,式中 F 为作用于质量为 m 的某一质点上的主动力,N 为质点系作用于质点的约束力,a 为该质点的加速度。从形式上看,上式与从牛顿运动方程 $F+N=ma$ 中把 ma 移项所得结果相同。于是,后人把 $-ma$ 看作惯性力,而把达朗贝尔原理表述为:在质点受力运动的任何时刻,作用于质点的主动力、约束力和惯性力互相平衡。

　　达朗贝尔对当时运动量度的争论提出了自己的看法,他认为两种量度是等价的,并模糊地提出了物体动量的变化与力的作用时间有关。1752 年,达朗贝尔第一次用微分方程表示场,同时提出了关于流体力学的一个原理,虽然存在一些问题,但是达朗贝尔第一次提出了"流体速度"和"加速度分量"的概念。达朗贝尔的力学知识为天文学领域做出了重要贡献。同时达朗贝尔发现了流体自转时平衡形式的一般结果,形成关于地球形状和自转的理论。他还发表了关于春分点的论文。

　　1760 年以后,达朗贝尔继续进行他的科学研究。随着研究成果的不断涌现,达朗贝尔的声誉也不断提高,而且尤其以写论文快速而闻名。达朗贝尔是位多产科学家,他对力学、数学和天文学的大量课题都进行了研究。

　　法国科学家克雷洛(1713—1765)在月球运动理论的创立和天体形状和自转理论的创立上都有重要贡献。

　　德国科学家高斯(1777—1855)率先开展了小行星运动研究,他创立用 3 次观测决定天体运动轨道的计算方法。

　　1794 年,他发明最小二乘法后便应用于轨道计算。1809 年出版《天体按照圆锥曲线运动的理论》。

　　17 世纪末到 19 世纪上半叶,天体力学诞生并取得重要成就。使天文学从单纯描述天体的视位置和几何关系进入到研究天体的相互作用,即从单纯的天体状态进入到研究天体运动原因。这是人类认识宇宙的一次重大飞跃。可以认为,经典宇宙学就此创立。

4.2.2 太阳系起源说及康德和拉普拉斯的星云说

1. 早期的太阳系起源说和形而上学的自然观

(1) 笛卡儿的太阳系起源的涡动说

1644 年法国科学家笛卡儿(1596—1650)在其《哲学原理》一书中提出太阳系起源的涡动学说。此学说在思想上具有进步性,但在学术上有局限性。

(2) 牛顿关于太阳系起源的考虑

1692 年 12 月和 1693 年 1 月,牛顿在致本特利主教的两封信中提出关于太阳、恒星和行星形成和开始运动的设想。他认为是上帝的有意设计和给予的"第一次推动"。

(3) 布封的太阳系形成学说

1745 年法国科学家布封(1707—1788)提出太阳系形成学说,认为曾经有一个彗星掠碰太阳,形成了太阳系。

(4) 17 至 18 世纪形而上学自然观的特点

自然界绝对不变。天文学上、生物学上都是永恒不变的。哲学上的目的论。宇宙不变论,最后必然导致神学。

2. 康德的太阳系星云假说

康德(1724—1804),德国哲学家。

1754 年,康德发表了论文《论地球自转是否变化和地球是否要衰老》,对"宇宙不变论"大胆提出怀疑。他提出潮汐摩擦导致地球自转变慢。他的思想与形而上学思想对立,体现了天体的发展变化。

1755 年,他发表《自然通史和天体论》(又译《宇宙发展史概论》)。首先提出太阳系起源的星云说。

康德

康德在书中指出:太阳系是由一团星云演变来的。这团原始星云是由大小不等的固体微粒组成的,"天体在吸引最强的地方开始形成",万有引力使得微粒相互接近,大微粒把小微粒吸引过去,凝成较大的团块。团块越来越大,引力最强的中心部分吸引的物质最多,先形成太阳。外面的微粒在太阳吸引下向中心体下落时,与其他微粒碰撞而改变方向,变成绕太阳的圆周运动。这些绕太阳运动的微粒又逐渐形成几个引力中心,这些引力中心最后凝聚成朝同一方向转动的行星。卫星形成的过程与行星类似。彗星则是在原始星云的外围形成,太阳对它们的引力较弱,所以彗星轨道的倾角多种多样。行星的自转是由于落在行星上的质点的撞击而产生的。康德还用行星区范围的大小来解释行星的质量分布(当时人们仅知水星、金星、地球、火星、木星、土星六颗大行星,十颗卫星和三十多颗彗星)。

康德星云说否定了牛顿的神秘的"第一推动力"和神创论,表达了朴素辩证法的观点:

(1) 物质的必然的、自己运动的观点;

(2) 引力相互作用的观点;

(3) 宇宙在空间和时间上无限性的观点;

(4) 事物的发生、发展和灭亡的普遍规律的观点;

(5) 人类是物质发展到一定阶段上的产物的观点。

这是自然观的一场革命。第一次提出了天体和自然界是不断发展的辩证观点,因而在形而上学的僵化的自然观上打开了第一个缺口,这是从哥白尼以来天文学取得的最大进步。

3. 拉普拉斯的太阳系起源的星云说

法国科学家拉普拉斯在 1796 年出版《宇宙体系论》提出太阳系起源的星云说。

拉普拉斯认为,形成太阳系的云是一团巨大、灼热、转动着的气体,大致呈球状。由于冷却,星云逐渐收缩。因为角动量守恒,收缩使转动速度加快,在中心引力和离心力的共同作用下,星云逐渐变为扁平的盘状。在星云收缩过程中,每当离心力与引力相等时,就有部分物质留下来,演化为一个绕中心转动的环,以后又陆续形成好几个环。这样,星云的中心部分凝聚成太阳,各个环则凝聚成各个行星。较大的行星在凝聚过程中同样能分出一些气体物质环来形成卫星系统。

比康德的假说更进步之处在于:

(1) 运用角动量守恒原理,避免斥力概念;

(2) 提出温度变化,为天体演化开创新起点;

(3) 排斥上帝的作用。

康德的学说侧重于哲理,而拉普拉斯则从数学和力学上进行论述。因此,人们常将他们的学说称为"康德—拉普拉斯星云说。"拉普拉斯的科学论述加上他在学术界的威望,使星云说在 19 世纪被人们普遍接受。但由于科学发展水平的限制,这两种星云学说也有不少缺点和错误,曾一度被人们摒弃。不过目前不少天文学家认为,星云说的基本思想还是正确的。

4. 星云说的历史意义

突破了形而上学的宇宙观。

在天文学上开创了一个新领域——天体演化学,这是经典宇宙学的重要组成。

4.2.3　银河系概念的初步确立

关于恒星系统和银河系认识的演进过程:

古希腊学者早在公元前就提出过关于"恒星天"的观念。

15 世纪中叶的古萨的尼古拉大主教、16 世纪下叶的英国学者迪格斯、意大利学者布鲁诺等人都认为天上的恒星多得数不清。

17 世纪初,意大利科学家伽利略首次用望远镜观察恒星。

1717 年,英国天文学家哈雷把天狼(大犬座 α)、大角(牧夫座 α)、南河三(小犬座 α)等恒星的位置与古希腊测定的位置比较,发现了恒星自行。

1727 年,英国天文学家布拉德雷(1693—1762)发现光行差,在之后的测量中发现恒星与地球的距离应大于 6 至 8 光年。

18 世纪 20 至 30 年代,瑞典哲学家斯维登堡(1688—1772)最早推测银河系是宇宙中完整的力学体系。

1750 年,英国天文学家赖特认为银河系是扁平的。他在《新颖的宇宙理论或新宇宙假设》一书中提出银河系概念及其形状。

1755 年,德国哲学家康德提出了恒星和银河之间可能会组成一个巨大的天体系统;随后的德国数学家朗伯特也提出了类似的假设。这时,人们已意识到,除行星、月球等太阳系天体外,满天星斗都是远方的"太阳"。赖特、康德和朗伯特最先认为,很可能是全部恒星集合成了一个空间上有限的巨大系统。像太阳一样的恒星在银河系里是多之又多的!

1761 年,德国学者朗伯(1728—1777)出版《宇宙论书简》,对于恒星世界结构,提出无限阶梯式的宇宙模型。

1785 年,英国天文学家威廉·赫歇尔第一个通过观测研究恒星系本原。他用自己磨制的反射望远镜,共作了 1083 次观测,一共记录了 683 个取样天区中的 117 600 颗恒星。用"数星星"的方法绘制了一张银河图。在赫歇尔的银河图里,银河系是扁平的,群星环绕,其长度为 7000 光年,宽 1400 光年。我们的太阳处在银河系的中心,这是人类建立的第一个银河系结构图。它虽然很不完善,并且有错误,但使人类的视野从太阳系扩展到银河系广袤的恒星世界中。

威廉·赫歇尔持续用 0.5 米和 1.2 米口径望远镜观测,发现望远镜贯穿本领增加时,观察到的暗星也增多,但是仍然看不到银河系的边缘。他意识到,银河系远比他最初估计的大。赫歇尔死后,其子约翰·赫歇尔继承父业,将恒星的计数工作范围扩展到南半天。19 世纪中叶,开始测定恒星的距离,并编制全天星图。

1783 年威廉·赫歇尔考察了 7 颗亮星：天狼(大犬座 α)、北河二(双子座 α)、北河三(双子座 β)、南河三(小犬座 α)、轩辕十四(狮子座 α)、大角(牧夫座 α)、河鼓二(天鹰座 α)的自行。发现太阳向武仙座方向的本动。同年又用 14 颗恒星的自行，求出太阳本动方向在武仙座 λ 附近空间。

1837 年，德国天文学家阿格兰德(1799—1875)用 390 颗恒星自行的观测获类似结果。

1834 年至 1838 年，约翰·赫歇尔观测双星、星团和星云，同时统计了 3000 个选区的 68 948 颗恒星，证实了其父结论。多年后，到南非好望角建观测站，开拓了在南天的工作。

1849 年，约翰·赫歇尔出版《天文学纲要》。1859 年(咸丰九年)，我国天文学家李善兰与传教士伟烈亚力合作翻译出版，译名《谈天》。近代天文学传入我国。

1845 年，罗斯勋爵发现第一个旋涡星系 M51。

1852 年，美国天文学家史蒂芬·亚历山大声称银河系是一个旋涡星系，却拿不出证据加以证明。1869 年，英国天文学作家理查·普洛托克提出相同的见解，但一样无法证实。

1906 年，卡普坦为了重新研究恒星世界的结构，提出了"选择星区"计划，后人称为"卡普坦选区"。他于 1922 年得出与赫歇尔的类似的模型，也是一个扁平系统，太阳居中，中心的恒星密集，边缘稀疏。

1918 年，美国天文学家沙普利在完全不同的基础上，探讨了银河系的大小和形状。他利用 1908 年至 1912 年勒维特发现的麦哲伦云中造父变星的周光关系，测定了当时已发现有造父变星的球状星团的距离。在假设没有明显星际消光的前提下，经过 4 年的观测，建立了银河系透镜模型，提出太阳系应该位于银河系的边缘，而不是在中心。到 20 世纪 20 年代，沙普利模型已得到天文界公认。由于未计入星际消光效应，沙普利把银河系估计得过大了。到 1930 年，特朗普勒证实星际物质存在后，这一偏差才得到纠正。

1926 年，瑞典天文学家林得布拉德分析出银河系也在自转。

银河系概念的初步确立是人类对宇宙认识史上一个重大里程碑。从此，人们的眼界从狭小的太阳系扩展到浩瀚的恒星世界，视野大为开阔。是进一步认识整个宇宙的一个阶梯。

4.2.4　恒星天文学之父——英国天文学家威廉·赫歇尔

从前面所讲，可以看到英国天文学家威廉·赫歇尔(1738—1822)父子所作的杰出贡献，下面继续讲述威廉·赫歇尔这位天文学史上的传奇人物。

1781 年，太阳系的第 7 颗大行星——天王星的发现，彻底改变了人类对太阳系的认识。发现者威廉·赫歇尔从此蜚声天下，从一个爱好天文学的乐师变成了精通乐理的天文学家。

威廉·赫歇尔

为了纪念 200 年前这一划时代的发现，英国格林尼茨海军大学于 1981 年 4 月 25 日举办了一场别开生面的"纪念赫歇尔音乐演奏会"。当时礼堂前车水马龙，会场上春意盎然。而那天演的所有节目，不论是交响乐还是奏鸣曲，也无论是协奏曲还是田园诗，全都是当年赫歇尔创作的作品。所有与会的音乐家和天文学家，众口称赞赫歇尔是世上少有的"音乐界和天文学界的双星"。的确，赫歇尔正是双星研究的奠基人，他证实了太空中的确存在着形影不离、互相绕转着的"星界鸳鸯——双星"。他在一生中发现了 848 对双星、三合星和聚星，并证实了维系着双星的是牛顿的万有引力理论，其运动则遵循着开普勒定律。其实，大约一个半世纪以前，有人已发现这种成对的恒星。只不过当时人们认为这些星之所以靠得那么近，是因为它们几乎恰好位于同一条视线方向上，而实际上，"双星"中两颗恒星相距很远。倘若情况真如此，那么，与较远的那颗星相比，较近的这一颗就应该显示出视差位移。赫歇尔对此做了大量观测，发现两颗星都未显示出视差位移的现象。根据它们的运动方式，赫歇尔认为"它们不是看上去黏在一起，而且实际上也的确靠得很近。"直至 1793 年，在大量观测的基础上，他确信成对的两颗恒星是在相互绕转。"双星"——他当时这样称呼它们，这个名称沿用至今。赫歇尔还非常仔细地观测了那些光度有变化的恒星，他是第一个系统地报道变星的人。

赫歇尔的贡献几乎涉及天文学的所有领域。在太阳系中，除了天王星外，他还发现了 4 颗卫星：天卫三、木卫四、土卫一和土卫二。通过数十年如一日的 1083 次单调枯燥的恒星计数工作，他从 60 万颗恒星的测量中证明了银河系的存在，探知了它的形状、结构与大小，并用统计法首次确认了银河系为扁平状圆盘的假说。

此前，伽利略刚刚把望远镜指向夜空，就发现了很多用肉眼看不见的恒星。银河那白茫茫的光带中，原来充满了恒星。后来，赫歇尔把望远镜每改良一次，就能发现一大批更多、更暗的恒星。他通过对星空所做的系统观察发现，恒星在有些方向上多，有些方向上少。但他并不满足于这种定性的判断。1784 年，赫歇尔决心要数一数天上的星星究竟有多少，并且想了解在不同的地方，星星的数目究竟是怎样分布的。要数清天上的星星，那可不是一件容易的事。耐心的赫歇尔首先把天空均匀分成几百个区域，然后数出每一个区域中用望远镜能看到的恒星。结果，赫歇尔发现，越靠近夜空中的那条乳白色的光带——银河，每单位面积上的恒星数目就越多；在银河的方向上达到最大值，而在与银河平面垂直的方向上，星星数目最少。

对于这种现象应该怎样解释呢？赫歇尔经过研究分析认为，恒星均匀地分布在形状如一个"透镜"或者一块"磨盘"那样的空间里，而我们的太阳系可能大约位于靠近中心的地方。而地球人朝着"透镜"直径方向看去，便可以看到一些较近的，因而较暗的星星，在外面是数目更多的更远、更暗的星。而大量十分遥远的星星由于亮度太暗、肉眼不可能一一分辨出来，只能看到白茫茫的光带，即银河。赫歇尔就是这样，用统计恒星数目的方法证实银河系为扁平状圆盘的假说。他开创了对银河系结构的研究，绘制了第一张银河截面图。尽管限于当时的条件，他的一些结论并不完全正确，但无疑他是真正的"恒星天文学之父",是开创银河系研究的先行者。

"在这个运动的宇宙里,为什么只有太阳一个是静止的呢?"赫歇尔就是抱着这样一个想法,开始研究太阳的空间运动状况的。远在公元 8 世纪初,中国唐代杰出的天文学家一行就把自己测量的恒星位置与汉代测量的位置相比较,发现存在变化。但他没有对此现象做出解释。1000 多年后,英国天文学家哈雷用同样的方法(即参照古代记载的恒星位置),发现天狼星、大角星和毕宿五这 3 颗亮星有了明显的移动。为了研究上的方便,人们把恒星的空间运动分成两个分量:一个是视向速度,它在视线方向;一个是切向速度(即与视线垂直),表示为"自行",即恒星每年在背景上位移的角度。通过对恒星运动的研究,1783 年,赫歇尔发现了太阳的自行,他得到的太阳运动方向和现代测量数据相差不到 10°。他指出太阳在银河系中也在运动着,即太阳率领着它的"子孙",以每秒几十千米的巨大速度向着武仙座与天琴座毗邻的方向疾驰而去。

赫歇尔还在另一个方面扩展了人类的视野。1800 年,他最早发现了太阳红外辐射。当时他用温度计测量太阳光谱的各个部分,发现在将温度计放在光谱红端外测温时,温度上升得最高,但那里却完全没有颜色。于是他得出结论:太阳光中包含着处于红光以外的不可见光线。红外天文学也由此发端起来……

赫歇尔对于天文望远镜的贡献更是无与伦比,他也是制造望远镜最多的天文学家。他共制作过 400 多架望远镜。赫歇尔利用全部业余时间制作望远镜,经过千锤百炼,他终于成为制造望远镜的一代宗师,他一生磨制的反射镜面达 400 多块。自古以来,人类对宇宙具有自然天生的敬畏和好奇心,这在赫歇尔身上有充分的体现。

从 1773 年起,他就亲自动手磨制镜头。这是一项极为枯燥又繁重的体力加智慧的工作。要把一块坚硬的铜盘磨成规定的极其光洁的凹面形,表面误差比头发丝还要细许多倍,中途还不能停顿,其难度可想而知。所以有时他要连续干上 10 多个小时,吃饭时只能由他的妹妹来喂他。开始时他连连失败了

200 多次，直到 1774 年他才尝到了胜利的欢乐，制成了一架口径 0.15 米、长 2.1 米的反射望远镜，天王星的发现正是它的突出成果，他还看到了猎户座大星云和土星光环。在英王乔治三世的大力支持下，通过 3 年多的不懈努力，赫歇尔终于在 1789 年，51 岁时，制造出了称雄世界多年的最大望远镜，它的镜筒直径达 1.5 米，差不多要 3 个人才能合围，镜筒长 12.2 米，竖起来有 4 层楼高，光是镜头就重 2 吨！这架像巨型大炮似的望远镜在使用的第一夜，就发现了土星的第一颗卫星——土卫二。

当时反射式望远镜的焦点多采用牛顿式，即在主焦点之前的光轴上，斜置一平面副镜，将焦点折射在镜筒上端的一侧。赫歇尔为了减少折射光的损失，将主镜略微偏置，使星光经主镜反射后，焦点不会汇聚在光轴上，而是斜到镜筒上端的一侧。这样，可以省去牛顿式的平面副镜，从而提高聚光的效率。因为这一光学系统是赫歇尔发明的，所以后世称之为"赫歇尔焦点"，而按照这种光学系统制成的望远镜称为"赫歇尔望远镜"。

从 1781 年到 1782 年的冬天，赫歇尔对星云基本构成的研究兴趣越发浓厚。他对星团和星云进行探测、研究，集 20 年观测成果，汇编成 3 部星云和星团表，共记载了 2500 个星云和星团，其中仅 100 多个天体是前人已知的，并发现了一种新的天体——行星状星云。经反复仔细观测，他发现，他的高倍率望远镜能够辨别出几个星云团中的恒星个体。这一发现使他认为，星云之所以看过去是一片白茫茫的东西，是由于观测的装备不够先进，只要有更精良的观测设，他们一定能分辨出其他星云里的恒星。这项发现促使赫歇尔在 1784 年和 1785 年提出，所有的星云都是由恒星组成的理论。其主要内容是：不必再用发光的奇妙流体来解释星云了，存在不能解析的星云是因为它们离我们太遥远的缘故；他提出存在着由众多恒星聚集为巨大天体的假设。后来，赫歇尔根据自己进一步观测到的行星状星云，确证了深空中确实存在弥漫状天体，它们是云气，而非原来认定的恒星。改正了其假设的错误。

赫歇尔当时通过把恒星密集的球状星团和疏散的星团做比较，发现这种结构形式还可以显示出引力作用的大小。他提出推论，即经过一段时间后，疏散星团必然会集中形成一个密集的星团和几个更紧密的星团。也就是说,恒星疏散的星团是由于星团处于早期发展阶段,而恒星密集的星团则属于星团的晚期阶段。因此,赫歇尔提出天体有"时间的变化"(即演化的),这一说法后来成为一个基本的科学概念。1785 年,他发表了自己的天体演化理论。他指出,在广阔无垠的太空中,恒星最初是分散的,但随着引力的作用,渐渐聚集起来,形成了更加密集的星团。

1821 年英国皇家天文学会成立时,他众望所归地成为首任会长,后来还被册封为爵士。赫歇尔成为专业天文学家时已经 43 岁,从未受过正规的高等教育,他的渊博学识、数理基础、冶炼技艺等全凭勤奋自学得到。赫歇尔具有强烈的求知欲,努力学习英文、意大利文、拉丁文,同时广泛阅读牛顿、莱布尼茨等科学家的自然哲学、数学、物理学著作,还接触了光学。他对天文知识有着浓厚的兴趣,对夜空中的许多星座都非常熟悉。

1822 年,威廉·赫歇尔与世长辞。有趣的是,他 84 岁的寿命恰恰就是他所发现的天王星绕太阳公转一周的时间。

赫歇尔一家可称为天文世家,他的妹妹卡罗琳·赫歇尔(1750—1848)也是一位了不起的女性、杰出的天文学家。她终生未婚,与哥哥朝夕相处 50 年。威廉·赫歇尔的许多发现中也有她的一份功劳,她独自也有不少成就:发现了 14 个星云与 8 颗彗星,对星表做了修订,补充了 561 颗星。直到 1848 年,卡罗琳·赫歇尔以 98 岁高龄去世。赫歇尔的独子约翰·赫歇尔(1792—1871)也是著名的天文学家。他是英国皇家天文学会的创始人之一,发现的双星多达 3347 对,发现了 525 个星团星云,记下了南天的 68 948 颗恒星。他于 1849 年撰写的《天文学纲要》是对当时天文学的最好总结,对全世界都有深远的影响。

4.2.5　儒勒·凡尔纳的航天科幻小说《从地球到月球》和《环绕月球》

儒勒·凡尔纳(1828—1905),是 19 世纪法国著名的作家,被誉为"现代科学幻想小说之父"。他的航天科幻小说《从地球到月球》和《环绕月球》凭借着对当时科学与技术发展状况的把握,对未来的天才构想,用生动、准确的科学

语言，描述了人类飞向太空、飞向月球，又返回地球的愿景。凡尔纳向 19 世纪的读者展示了一个"科学奇迹"成为现实的理想世界。而 20 世纪，他的一些科学幻想真的成了现实。例如，阿波罗登月。现在飞船上的返回舱，和凡尔纳在 19 世纪所设想的十分相似！

《从地球到月球》和《环绕月球》简介：

美国南北战争结束后，巴尔的摩城大炮俱乐部（这是大炮发明家的俱乐部）主席巴比康提议向月球发射一颗炮弹，建立地球与月球之间的联系。法国冒险家米歇尔·阿当获悉这一消息后，建议造一颗空心炮弹，他准备乘这颗炮弹到月球去探险。

巴比康、米歇尔·阿当和尼切尔船长克服了种种困难，终于在 18××年 12 月 1 日乘这颗炮弹出发了。但是他们没有到达目的地，炮弹并没有在月球上着陆，却在离月球 2800 英里（约合 4506 千米）的地方绕月运行。

这三位冒险家的命运如何呢？据剑桥天文台的观测，只有两种可能，月球的引力征服了这颗炮弹，三位旅行家最后到达目的地；另一种可能是炮弹被束缚在一个固定的轨道上，永远环绕月球运行。

《环绕月球》是《从地球到月球》的续集。巴比康、尼切尔和米歇尔·阿当乘坐炮弹到月球去探险途中,遇见一颗在太空游荡的火流星,它的引力使炮弹逸出轨道,无法抵达月球。三位旅行家对自己的危险处境置之度外,却仔细地观测了月球的面貌,并作了笔记。他们乘坐的炮弹因本身的速度太大,最后飞往与月球和地球引力相等的死寂点的另一边,向地球降落后,坠入太平洋。三位旅行家被一艘军舰救起,并受到美国人民的热烈欢迎。本书通过他们的奇特经历,描绘了星际空间变幻无穷的绚丽景象,从而使读者获得丰富的科学知识和广阔的想象空间。

凡尔纳小说中的月球炮弹与阿波罗登月情况对照表:

	《从地球到月球》	阿波罗登月
宇航员人数	3	3
航速	36 000 英尺/秒(10 973 米/秒)	35 533 英尺/秒(10 830 米/秒)
航时	97 小时 13 分 20 秒	103 小时 30 分
降落地点	相差十几千米	
发射点	佛罗里达卡纳维拉尔角	

4.2.6　小结

在这一时期,天体力学诞生并取得了重要成就。使天文学从单纯描述天体的视位置和几何关系,进入到研究天体的相互作用,即从单纯的天体状态进入到研究天体运动原因。这是人类认识宇宙的一次重大飞跃。紧接着,由于分光术、测光术、光谱分析技术和照相术几乎同时用于天文学,天文望远镜也有重大发展,为研究天体的物理性质、化学组成等提供了条件,导致天体物理学诞生。它使对天体运动的认识又产生一次飞跃:从只研究力学运动,到研究物理和化学运动。

天体力学和天体物理学的诞生构成人类认识天体的两次重大飞跃。天体力学诞生基于重大理论突破;天体物理学诞生则基于技术上的突破。

"理性工具"和"实体工具"在一定条件下,分别在人类认识自然和改造自然的过程中起主导作用,又构成不可分割、相互促进的两部分。

　　对恒星的科学认识、银河系概念的初步确立是人类对宇宙认识史上一个重大里程碑。人们的眼界从狭小的太阳系扩展到浩瀚的恒星世界，视野大为开阔。是进一步认识整个宇宙的一个阶梯。

　　从此，经典宇宙学建立起来，并为进一步的发展做好了准备。

参考文献

[1]　温学诗，吴鑫基.观天巨眼：天文望远镜的400年[M].北京：商务印书馆，2008.

[2]　邹海林，徐建培.科学技术史概论[M].北京：科学出版社，2004.

[3]　张邦固.空间奥秘[M].北京：清华大学出版社，2008.

[4]　王鸿生.世界科学技术史[M].北京：中国人民大学出版社，2008.

[5]　席泽宗.世界著名科学家传记：天文学家[M].北京：科学出版社，1990.

[6]　解启扬.世界著名科学家传略[M].北京：金盾出版社，2010.

[7]　[法]弗拉马里翁.大众天文学[M].李珩，译.北京：北京大学出版社，2013.

[8]　[美]温伯格.宇宙学[M].向守平，译.合肥：中国科学技术大学出版社，2013.

[9]　钮卫星.天文学史[M].上海：上海交通大学出版社，2011.

[10]　百度网.儒勒·凡尔纳[OL].2 2015-06-11. http://baike.baidu.com/view/25670.htm

阿波罗登月

5 现代宇宙、天文学理论与宇宙实验观测证实

5.1 银河系之争及河外星系的确认

5.1.1 天体距离的观测技术和分析方法

从 18 世纪中叶到 20 世纪初,天文学者努力观察、探测星云和星团,以认清云雾状天体的本质和银河系的大小形状,确认了由气体和尘埃组成的气团和由恒星聚集成的星团,但却无法分出是在银河系之内还是之外。

如何确定云雾状天体为河外星系? 其必需的步骤是:

(1) 确定银河系大小和测定旋涡星云的距离;

(2) 由旋涡星云距离进一步定出它的大小;

(3) 最后确认它是否由大量恒星聚合而成。

当时,受限于观测技术和分析方法,人们对银河系构造的了解还相当模糊,自从赫歇尔之后,对银河系的研究便没有大的进步。当时对恒星距离的分析方法只有三角法(也叫"三角视差法",是通过观测恒星的周年视差与地球观测者构成的三角形,从而得出恒星的距离)与恒星的自行测定(也叫"移动星团

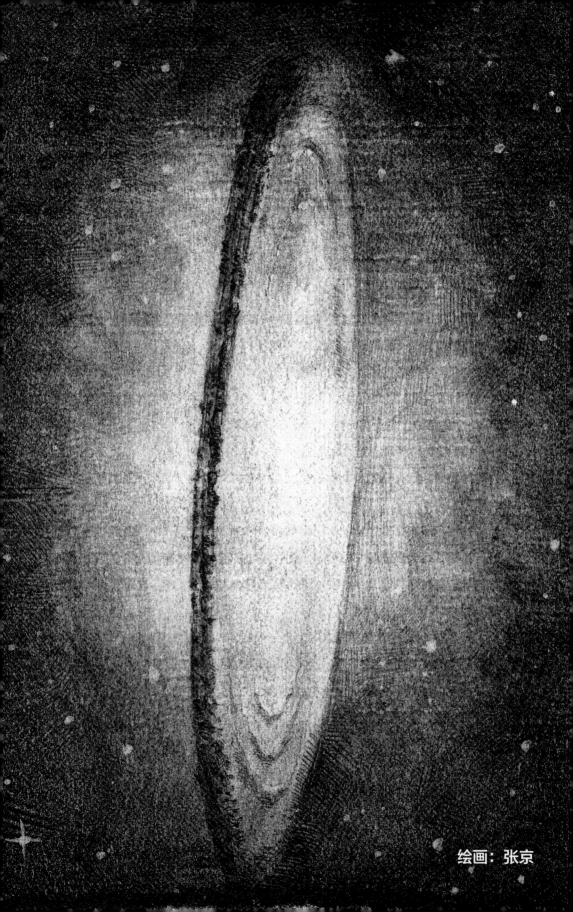

绘画：张京

法",根据恒星的运动速度来确定距离)。三角法只能测量距离小于 300 光年的星星。分光视差法与造父视差法后来陆续被发明,但能够反映恒星距离的只有自行。离得近的恒星有较大的自行,这一原则总体上必定是对的。"如果能够获得足够多的自行资料,那么在统计上可以应用这一原则,来给出一个达到更深空间的测量标杆。"

1. 测定旋涡星云距离的探索

(1) 三角视差法

1907 年,瑞典天文学家波林(1869—1940)用三角视差法测得仙女座大星云的三角视差为 0.171″,相当于 19 光年。

(2) 新星视亮度法

1911 年,美国物理学家威里把仙女座大星云中一颗新星与英仙座新星比较,由此定出仙女座大星云的距离是 1600 光年。

(3) 视向速度和自行法

1914 年,美国天文学家斯莱弗(1875—1969)刊布了 13 个旋涡星云的视向速度。

1915 年,美国天文学家柯蒂斯(1872—1942)测定了 66 个旋涡星云的自行。柯蒂斯认为从统计平均观点,天体视向速度与切向速度大致相同。求得旋涡星云自行平均值为 0.033″,再以星云视向速度平均值,求得星云平均距离为 10 000 光年。

2. 造父变星法求天体距离

1784 年古德里克发现"造父一"亮度以 5.37 天为周期变化。

通常以周期 1 至 50 天光变的变星称为"造父变星"。

(1) 造父变星的周光关系

20 世纪初,美国女天文学家勒维特(1868—1921)用测光方法发现小麦哲伦云中有许多变星。

1908 年,她把周期长于 1.2 天的变星按亮度排列,结果发现周期也按大小排列。1912 年,她发表周期为 2 至 120 天、视星等为 12.5 等至 15.5 等的变星资料,提出视星等和周期的对数存在正比关系,这就是周光关系。

(2) 绝对星等与视星等的关系

1902 年,卡普坦提出绝对星等概念。

对于视星等 m 和绝对星等 M,现在通用如下公式:

若不计星际消光: $m-M=5\lg r-5$。

若计及星际消光: $m-M=5\lg r-5+A(r)$。

其中,r 为天体距离(单位:秒差距)。

(3) 周光关系零点的测定

丹麦天文学家赫茨普龙(1873—1967)指出勒维特在小麦哲伦云中发现的变星是造父变星。他进一步指出,在银河系中求一颗造父变星的距离 r、视星等 m 和光变周期 P,即可把勒维特周光关系图中的纵坐标由 m 改为 M。这就是周光关系的零点问题。

1915 年,沙普利用 11 个造父变星的自行和视向速度资料,求得造父变星统计视差,得到 $\lg P$ 与 M 的关系图。

20 世纪 40 年代,德国科学家巴德(1893—1960)拍摄仙女座大星云照片,核心部分也分解为恒星,证明旋涡星云是恒星系统。

5.1.2 银河系之争

在新的观测计算方法出现之后,宇宙学的发展进入了高速时期。首先引起学界争论的,便是银河系的结构与大小。1913 年,天文学家赫兹普龙使用仅有的几颗银河造父变星的绝对星等,测定出了大、小麦哲伦星云的距离,大约是 10 千秒差距①。尽管实际值约为此数的 5 倍,但这却开创了一种新的测算方法,况且,以前天文学家从未测量过这样远的距离。

在此背景下,天文学家沙普利开始采用造父视差法探究球状星团的距离。在我们银河系内的球状星团,多数被发现在银河核心附近,并且在天球上的位

---

① 1 千秒差距 $=3261.6$ 光年。

置也大多数躺在银河核心周围的天空中。在 1918 年，沙普利便是利用这种强烈的不对称性推测星系的总体大小。他假设球状星团大致分布在银河核心的附近，经由球状星团的位置估计太阳与银河核心的距离。他得到的结果是距离约为 30 万光年，虽然他当时估计的距离有极大的偏误，但依然显示出星系的尺度大于早先的认知。他的偏误肇因是由于银河系内的尘埃减少了抵达地球的球状星团的光度，因而使距离显得更远。然而，沙普利估计的数值是在相同的数量级内，依然在现在可以接受的数值范围内。

沙普利的测量同时也指出太阳位于远离银河中心的位置上，反对早先从一般恒星的均匀分布所推导出来的结果。实际上，散布在银河盘面上的一般恒星经常会因为气体和尘埃的遮蔽而变暗，而球状星团分布在银河盘面之外，即使在更远的距离上仍然能被看见。

而 1922 年，卡普坦在分析已有的恒星资料后，提出了一个银河系的模型，这个模型相较于赫歇尔的模型已经有了很大的改进，按照这个模型，银河系如同一个扁平的圆盘，中心便是一个恒星团，而太阳便在这个直径 4000 光年的星系的中央。这与沙普利的模型有较大不同，二人发生激烈争执，许多人怀疑沙普利的主张。

1927 年，卡普坦的最后一个学生奥尔特证明了银河系的自转，他指出太阳及邻近恒星在以 270 千米/秒的速度，绕着 3 万光年外的银河系中心，做着周期 2 亿年的公转。

1930 年，银河系的大小终于有了令人信服的解释。瑞士天文学家汤普勒尔在克里天文台研究银河星团时，"证明了星际空间不是像以前想象的那样完全透明，它们实际到处都有很稀薄的物质。"这些星际物质有如薄雾，能够吸收较远恒星的光线，使其看起来更远些。经过星际吸光效应的校正后，汤普勒尔得出太阳到银河系中心的距离是 3 万光年，同时银河系的直径也缩短到 10 万光年以下。

5.1.3　河外星系的确认

河外星系是否存在的问题，一直到 20 世纪 20 年代后期才得到解决。实际上，河外星系（如仙女座大星云）早就被观测到了，只是迫于当时的技术水平与测算方法，天文学家们并不知道这些星云状物质便是河外星系，只当是银河系内的某些星云。

1917 年，美国天文学家柯蒂斯在旋涡星云中找到许多新星，他假定在这些星云中，新星的亮度极大时的绝对星等与银河系中的新星一样，由此估算出仙女座大星云的距离为 1000 万光年，后来减为 50 万光年。

1923—1924 年，哈勃通过威尔逊山天文台的 100 英寸（约合 2.54 米）的反射望远镜，在仙女座大星云中找到并确认了一颗造父变星，根据这颗光变周期长达 31 天的造父变星，哈勃测算仙女座大星云到地球的距离，足有 100 万光年。即便是按照当时沙普利对银河系大小的估计（沙普利估计银河系大小大约为 30 万光年），这个星云也远远位于银河系之外。之后，哈勃在仙女座大星云中发现了更多的造父变星，并在三角座 M33 与人马座星云中再次发现一些造父变星，他定出这三个星云的造父视差，估计出旋涡星云的距离约为 285 千秒差距，证明它们远在银河系之外。同时哈勃得出结论，仙女座大星云（此时应该称作"仙女星系了"）的直径只有银河系直径的 1/10，体积只有银河系的 1/1000。

但哈勃的同事范马宁在更早的时候便有了与哈勃的结果不相容的证据。他通过比较前后的底片，宣称发现了旋涡星云的自转。如果星云在短时间内能有察觉得到的自转，那么必定是小且近的，如果它们距离遥远，有着巨大的直径，可想而知，星云外围部分的自转速度将快到难以置信。这个发现与哈勃的结果格格不入，使得哈勃对自己的结果缺乏信心，直到 1925 年才经由他人之手发表。

1935 年，哈勃通过观测彻底推翻了范马宁的结果，确立了仙女星系作为河外星系的地位。但哈勃对这个最大的河外旋涡星系的直径进行测量后，却只得到 3 万光年这一数字,远小于银河系直径。即使 1930 年汤普勒尔关于星际消光的理论被公布,两大星系的直径有所调整,但银河系仍然是最大的旋涡星系。天文学家对于任何满足人类虚荣心的理论都带着天生的反感。经过不断观测,1952 年,侨居美国的德国天文学家巴德给出了新的周光关系,修正了仙女星系的数据。仙女座的距离较之前哈勃所观测的 90 万光年增加了一倍多,为 230 万光年,其直径也相应加倍,达 16 万光年左右。相比之下,银河系如同仙女星系的小妹妹一般。

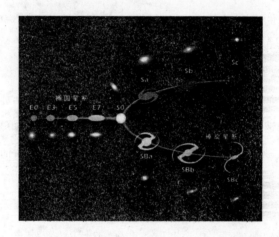

在确认了第一个河外星系仙女大星系之后,哈勃又开始了对星系的分类研究。1926 年,哈勃在论文中发表了他的星系分类法。他对主要的星系类型——椭圆、正常旋转和异常旋转——进行分析。椭圆星系按照其椭圆度进行排序;涡旋的和棒旋状的又被分为几个亚类;按涡旋结构缠绕的紧密度,以及星盘和星棒在星系的恒星分布中的重要性分别标以 a、b 和 c。1936 年,这个分类图最终以"音叉图"的形式呈现(如上图所示)。"哈勃将这个图看成是星系的演化过程,星系从图左侧的球状椭圆星系开始演化,最后进入旋转星系序列。这种思考后来被证明是不正确的(实际上椭圆星系要比旋涡星系要古老得多)。"但哈勃这种星系分类法却被宇宙学家们接受,不断得到完善,于 20 世纪 50 年代基本完成了分类工作。

5.2 现代宇宙学理论和观测证实的发展

5.2.1 宇宙膨胀说的提出

哈勃(1889.11—1953.9),美国天文学家,观测宇宙学的开创者。

哈勃对 20 世纪天文学做出许多贡献,被尊为一代宗师、"现代宇宙学之父"。其中最重大者有二:一是确认星系是与银河系相当的恒星系统,开创了星系天文学,建立了大尺度宇宙的新概念;二是发现了星系的红移-距离关系,促使现代宇宙学的诞生。他提出了哈勃定律(也叫红移定律):河外星系的视向退行速度与距离成正比。根据多普勒效应,光的波长因为光源和观测者的相对运动而产生变化。在运动的光源前面,光被压缩,波长变得较短,频率变得较高,这便是蓝移;当运动在光源后面时,会产生相反的效应。波长变得较长,频率变得较低,这便是红移;光源的速度越高,所产生的效应越大。哈勃的发现和研究奠定了现代相对论宇宙学理论的基础。

哈勃

1906 年 6 月,17 岁的哈勃高中毕业,获得芝加哥大学奖学金,前往芝加哥大学学习,在大学期间,他受天文学家海尔启发开始对天文学产生更大的兴趣。他在该校时即已获数学和天文学的校内学位。1910 年,21 岁的哈勃在芝加哥大学毕业,获得奖学金,前往英国牛津大学学习法律,23 岁获文学士学位。1913 年在美国肯塔基州开业当律师。后来,他终于集中精力研究天文学,并返回芝加哥大学,25 岁到叶凯士天文台攻读研究生,28 岁获得博士学位。在该校设于威斯康星州的叶凯士天文台工作。在获得天文学哲学博士学位和从军两年以后,1919 年退伍到威尔逊天文台(现属海尔天文台)专心研究河外星系并做出新发现。

1914 年，他在叶凯士天文台开始研究星云的本质，提出有一些星云是银河系的气团。他发现亮的银河星云的视直径同使星云发光的恒星亮度有关。并推测另一些星云，特别是具有螺旋结构的，可能是更遥远的天体系统。

1919 年，他用 150 厘米和 254 厘米望远镜照相观测旋涡星云。当时天文界正围绕"星云"是不是银河系的一部分这个问题展开激烈的讨论。

1923—1924 年，哈勃用威尔逊天文台的 254 厘米反射望远镜拍摄了仙女座大星云和 M33 的照片，把它们的边缘部分分解为恒星，在分析一批造父变星的亮度以后断定，这些造父变星和它们所在的星云距离我们远达几十万光年，远超过当时银河系的直径尺度，因而一定位于银河系外，即它们确实是银河系外巨大的天体系统——河外星系。1924 年在美国天文学会一次学术会议上，正式公布了这一发现。这项发现使天文学家们关于"宇宙岛"的争论胜负立即分出，所有天文学家都意识到，多年来关于旋涡星云是近距天体还是银河系之外的宇宙岛的争论就此结束，从而揭开了探索大宇宙的新的一页。1926 年，他发表了对河外星系的形态分类法，后称哈勃分类。

20 世纪初，斯里弗对旋涡星云光谱作过多年研究，发现谱线红移现象。在斯里弗观测的基础上，哈勃与助手赫马森合作，对遥远星系的距离与红移进行了大量测量工作，发现远方星系的谱线均有红移。只有极少数的星系谱线有蓝移，仅仅是银河系的三个邻居：M31（仙女座大星系）、M32（仙女座椭圆星系）、M33（三角星系）是在向与银河系接近的方向运动（蓝移），其他的星系都表现为离开银河系的红移，其中最大的红移值达到了 0.12，根据波红（蓝）移的程度，可以计算出光源循着观测方向运动的速度。这意味着这个星系离我们远去的速度达到光速的 12%——36 000km/s。而且距离越远的星系,红移越大,于是得出重要的结论:星系看起来都在远离我们而去,且距离越远,远离的速度越高。

1929 年哈勃通过对已测得距离的 20 多个星系的统计分析,更进一步发现星系退行的速率与星系距离的比值是一常数。两者间存在着线性关系。这一关系被称为哈勃定律:河外星系的视向退行速度与距离成正比,每增加一百万秒差距(1Mpc,约为 326 万光年),星系的退行速度增加每秒 500 千米。哈勃第一次估算给出的这个比值,后来被称为哈勃常数。哈勃定律的公式表达为

$$v = H \cdot d$$

式中,H 表示哈勃常数。

哈勃开创性地提出了哈勃定律,为我们推算宇宙年龄提供了新的方法。根据 $v = H \cdot d$,哈勃常数是一定值,而根据爱因斯坦相对论,星系的退行速度不可能达到或超过光速,则当我们假定星系退行速度达到最大——也就是光速时,星系的距离达到极限,而这也就是宇宙可能的最远的距离,也就是宇宙的年龄。因此,哈勃得到的宇宙的最大的距离是 20 亿光年,也就说明宇宙的年龄不会超过 20 亿年,然而这与当时根据同位素算得的地球的年龄 46 亿年相比,是有相当大的差距的。这里的差距并不是哈勃定律的问题,而是哈勃常数的问题,哈勃将哈勃常数定为 500km/(s·Mpc),显然是有很大误差的。根据 2010 年 NASA 对最新观测数据的分析,哈勃常数的推荐值为 70.8km/(s·Mpc),上下可允许误差为 1.6,因此宇宙的年龄也被估算为 138 亿年。

"哈勃定律就展示了一幅宇宙整体退移也就是整体膨胀的图景:从宇宙中任何一点看,观察者四周的天体均在四处逃散,就像是一个正在胀大的气球,气球上的每两点之间的距离均在变大。"哈勃定律的提出为人类提供了一种新的宇宙观,鼓励着宇宙学家们提出新的宇宙模型,这被誉为 20 世纪最伟大的科学成就之一。

这一结论意义深远,因为一直以来,天文学家都认为宇宙是静止的。若认为红移是星系视向运动的多普勒效应造成的,则红移-距离关系表明,距离越远的星系正以越来越快的速度远离我们。运用广义相对论,人们通常把哈勃定律

解释为宇宙膨胀的必然结果。哈勃定律的发现有力地推动了现代宇宙学的发展。

后来经过其他天文学家的理论研究之后，宇宙已按常数率膨胀了 137 亿年。

20 世纪初，大部分天文学家都认为宇宙不会膨胀出银河系。但哈勃用当时最大的望远镜观察神秘的仙女座时，发现仙女座中的星云不是银河系的气体，而是一个完全独立的星系。在银河系之外存在极多其他的星系，宇宙比人类想象的要大许多。

5.2.2 赫罗图和恒星坍塌理论

20 世纪，天体分光技术的运用、照相技术与测光技术的发明都在技术上极大地推动了天体物理学的发展，进一步促进了宇宙学研究。恒星的分光观测与光谱分类研究早在 19 世纪下半叶就已经有了阶段性成果，这直接推动了"赫罗图"的出现。

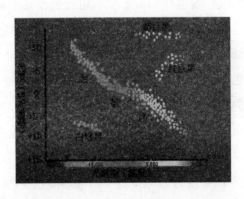

赫罗图是丹麦天文学家赫茨普龙及美国天文学家罗素分别于 1911 年和 1913 年各自独立提出的（见上图）。后来的研究发现，这张图是研究恒星演化的重要工具，因此把这样一张图以当时两位天文学家的名字来命名，称为"赫罗图"。赫罗图是恒星的光谱类型与光度之关系图，表示恒星的绝对星等与光谱型的分布，赫罗图的纵轴是光度与绝对星等，而横轴则是光谱类型及恒星的表面温度，从左向右递减。巨星分布于图片的右上方，再往上还有一些星，叫做"超巨星"。大多数星分布于从 B 型巨星到 M 型矮星的对角线型"主星序上"，太阳是其中的 G 型星，位于中间于偏右下的位置。赫罗图对天体物理学研究起到了极大的推动作用，"利用赫罗图，从恒星的光谱类型和视星等来确定恒星距离（分光视差）的逆方法，成了确定那些遥远的用三角学方法无法获得恒星距离的有力工具。"而这种依靠光谱分析法对天体进行研究的方法，很快也被宇宙学家用于对整个宇宙的研究。

之后的一种理论则是恒星坍塌理论，这个理论的最直接的来源便是钱德拉赛卡极限。印度天文学家钱德拉塞卡计算得出白矮星的质量上限为 1.44 倍太阳质量，当恒星大于这个极限，将会坍缩成一种密度极大的状态，甚至是一个点。他把恒星起源归结于"引力的不稳定性"，这个奇怪的称谓到底是什么意思呢？

这是一个老的说法，它出现在 20 世纪 20 年代。其大意是，在均匀的气体系统中，如果出现了密度小扰动，它会像声波那样传播。因为引力存在，当此扰动的波长大于一个临界值时，它就可能呈指数变化，从而出现不稳定。

实际上，细致地分析会发现，这个奇怪的称谓根本不能解释恒星起源。

（1）从理论上看，它是前后矛盾的。开始，它假设扰动是小的，在忽略了二次方以上的项之后，可以建立基本的波动方程。但后来，当扰动大到一定程度，比如说到了原密度的 1/2 时，其二次方以上的项就不应该被忽略。也就是说，这时基本的波动方程已经不再成立。作为方程解的指数形式也就没有了基础。可是扰动怎么可能再继续大到破坏系统稳定的程度呢？

（2）实际上，它只是说扰动可能呈指数变化，可能变大，也可能变小。请注意，它只是说，可能，并且大和小的可能性同时并存。

（3）它没有指出，什么地方的密度变大，什么地方的密度变小。从其表达式来看，似乎是一起变化，大则一起大，小则一起小。

正由于它的随意性，便有了这样的表述：

宇宙大爆炸冷却下来以后，由于引力不稳定性，宇宙裂成许多大块。它们就是将形成星系的气团。之后，又因为引力不稳定性，大块再裂成许多小块。这些就是恒星胎形成恒星的气团。进而，再次因为引力不稳定性，恒星胎形成恒星。

看看，引力不稳定性像不像童话里的精灵？它可以让星系胎之间的气体密度变小，同时让星系胎内气体密度变大一些；接着，再让恒星胎内一处气体密度陡然变大，而其他地方的气体密度变小（这就是所谓"坍缩"），以形成恒星。

引力从来都是起有序、稳定作用的。它怎么会不稳定？显然，这种"引力不稳定性"是不能从理论上解释恒星起源这个重大的科学问题的。这是"恒星坍塌理论"的硬伤。爱丁顿和爱因斯坦都宣布反对这个理论。

关于恒星起源的问题，中国的学者也开展了多方面的研究。其中较为符合观测事实的当推 1994 年由张邦固在《恒星起源运动学》（该书已在美国译成英文出版）一书中提出的理论。大爆炸以后，我们宇宙一直都浸泡在背景辐射之中。每一个粒子周围都有大约 10^{10} 个光子。所以，气体团应该处于热运动之中，粒子都有无规热运动速度。这部分速度与其位置无关。微观地看，粒子被与其位置有关的合引力加速后，它的与位置有关的速度越来越大。然而，它会与光子或者其他粒子发生碰撞。由于碰撞时，双方速度的大小和位置都是随机的，碰撞后，它们的速度也是随机的。也就是说，发生碰撞之后，粒子的速度便与它的位置无关了。

总之，在宇宙观系统里，在恒星胎中，粒子的速度应该分成两部分。一部分是热运动，它是无规则的，与位置无关的。在平衡态下，它服从麦克斯韦分布。另一部分是由合引力产生的，它是有规则的，指向球心，依照牛顿第二定律增大，一直到发生碰撞。所以，它不断由零变大，与位置有关。

有了这种不同于宏观系统的统计力学思想，在玻尔兹曼微分积分方程基础上，便会得到一个新方程。

《恒星起源动力学》介绍了这个方程在几种初始条件下的求解过程。这里只给出结果。

1. 均匀气团

先从最简单的情况做起。这时的气团是一个均匀分布的气体球，处于平衡态。之后，其内部粒子之间的引力起作用，会出现本系统特有的局部运动，可能会离开平衡态。

在这种初始条件下,求解新方程,得到了下述结果:

(1) 临界半径: $C_r^{-1} = (3kT/4\pi m^2 n_0 G)^{1/2}$。这里,沿用了《恒星起源动力学》书中的符号。其中,k 是玻尔兹曼常量,T 是气团初始温度,π 是圆周率,m 是粒子质量。n_0 是气团粒子数初始密度,G 是引力常量。

在解方程的过程中,临界半径自动地出现了。当气团的初始半径 r_0 大于它时,气团粒子就向中心汇聚,成为恒星胎。就是说,气团中心的密度随着时间变大而变大;而其他处的密度会逐渐变小。反过来,如果气团的初始半径小于它,那么气团中心密度会逐渐变小,气团会逐渐散掉。

从其表达式可以看到,它与气团温度的平方根成正比,与粒子数密度的平方根成反比。就是说,气团越热,要成为恒星胎的孤立气团的半径要求越大。而密度越大,临界半径越小。

一般,温度大约是 50 开,密度大约是 10^{-22} 克/厘米^3。这样,临界半径大约是 8 光年。银河系内恒星之间的平均距离大约是 10 光年。二者基本相符。

大家都知道,地球保持不住大气中的氢气。其原因是,与氢分子的热运动比较起来,地球的引力太弱。一般地说,一个引力系统维系其成员的条件是,在系统边缘处,成员的引力势能的绝对值大于其热运动的动能。统计力学告诉我们,一个氢分子热运动的动能是 $5kT/2$。而在由氢分子所组成的气团的边缘处,它的引力势能的绝对值是 $4Gm^2 n_0 \pi r_0^3/3$。于是,均匀气团不散失的条件是 $4Gm^2 n_0 \pi r_0^2/3 > 5kT/2$。这个条件与上面气团初始半径大于临界半径的条件大体上是一致的。这个条件告诉我们,孤立气团向中心汇聚的条件是,它的半径必须足够大,必须包含足够多的物质。显然,这个条件是完全符合物理实际的。

(2) 球心处粒子数密度

气团初始半径大于临界半径的条件时,均匀气团会在自身引力作用下收缩。其中心处密度按下式变化:$\rho(r=0, t) = \rho_0/(1 - d_t^2 t^2)$,其中,$t$ 是时间,ρ_0 是气团初始密度,d_t^{-1} 叫做恒星诞生时间。$d_t = e^{-1/24}(4\pi m n_0 G/3)^{1/2}$,其中,e 是自然对数的底。

显然，当时间达到诞生时间，气团中心处密度会达到生成恒星所必要的值。

诞生时间只与密度有关，对应于上面给出的密度，它大约是 700 万年。它也与天文观测基本相符。

2. 分层球对称

孤立系统是不与周围环境交换物质和能量，也不发生相互作用的系统。孤立气团也是这样。然而，孤立气团是出现在周围环境之中的。它的物质分布与环境不可能断得那样干脆。一过边缘，粒子便一个也没有了，如下图所示。所以，气团中心密度比较大，边缘比较小。这样的初始条件比较符合实际。这样，《恒星起源动力学》叙述了分层球对称平衡初始条件下求解新方程。其结果与均匀情况没有区别。

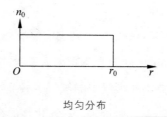

均匀分布

不过，这时的 n_0 是气团中心处的初始粒子数密度。

3. 旋转气团

一些恒星是旋转的，例如太阳。《恒星起源动力学》叙述了具有初始角速度 ω 的孤立气团的求解过程。

主要结果有：

（1）旋转气团收缩的必要条件包括了无旋气团的收缩条件——临界半径。

（2）求解过程中，一个临界值

$$\omega_c = (2\pi\rho_0 G)^{1/2}$$

出现了。如果旋转气团的初始角速度大于这个临界值，则气团不会收缩。这个结果是有道理的。大家都知道，旋转运动会有离心力作用在粒子上。转得太快了，粒子就会被甩出去。系统就会消散，当然不会收缩。

（3）在初始角速度小于上述临界值的条件下，气团会收缩，同时气团粒子还会向气团的赤道面聚集。赤道面是与气团角速度垂直、过球心的平面，就是下图的 xOy 面。初始角速度越大，"撒"到赤道面上的粒子越多。此特点显然与物理现实相符。

（4）旋转恒星胎的诞生时间与初始角速度相关。如果初始角速度远小于临界值，那么，旋转恒星的诞生时间与无旋恒星的诞生时间差别不大。如果初始角速度大于临界值，那么，这时系统粒子的引力不敌离心力，恒星不会形成。可以认为，这时的诞生时间为无穷大。对于上述两种之间的情形，诞生时间会比无旋的长些。

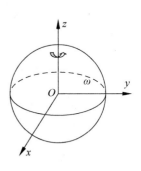

赤道面

4. 膨胀气团

我们的宇宙在膨胀着。才从其中脱离出来的孤立气团也应该膨胀。膨胀着的孤立气团会在自身的引力作用下收缩吗？大量的恒星存在的事实给出了肯定的答案。《恒星起源动力学》求解了膨胀初始条件下的新方程。主要结果是：

（1）在目前，膨胀对恒星形成的影响比引力小三四个数量级。也就是说，它基本上没有影响。

（2）在宇宙膨胀比较剧烈的早期，膨胀给收缩条件加了一条：气团中心初始密度大于宇宙平均密度的 2 倍。

5. 有吸积核的孤立气团

《恒星起源动力学》介绍了有吸积核时方程的解。结果是，吸积核没有带来新条件。不过，这时的 n_0 是吸积核表面气体的初始粒子数密度。就是说，只要满足相应的条件，粒子就会向吸积核的表面（这个地方与其他气团有别）聚集。

《恒星起源动力学》的解释令人相信，满足相应条件的各种孤立气团都会成为恒星胎，在自身引力作用下收缩形成恒星。

现在问题是，在膨胀的宇宙中，各种孤立气团是怎样生成的？

对于这个问题，我们没有找到明确的答案。不过，根据观测的事实和已知的理论，是可以做一些推测和猜想的。

5.2.3　相对论与量子力学的发展

量子力学的创立实际要早于相对论的提出。1900 年，德国科学家普朗克在《关于正常光谱的能量分布定律的理论》一文中，正式提出了"能量子"的假说，认为能量不是无限可分的，并且能量并不是连续变化的，而是存在跳跃式变化。根据这个假说，他推导出了著名的"普朗克公式"。普朗克的能量子假说与牛顿经典物理学中信奉的连续的观念格格不入，当时学界大多数物理学家都持反对态度。"就连普朗克本人，在一个长的时期内，也对能量子假说认识不足，而犹豫徘徊甚至持怀疑态度，两次试图退回经典物理学。"但不管怎样，普朗克提出的量子概念是现代物理学中最重要的概念之一，他第一次把不连续的思想引入了物理学，使得物理学几乎所有领域都发生了根本性变革。

马克斯·普朗克（1858—1947），德国物理学家，量子论的奠基者，20 世纪两位最重要的物理学家之一。

普朗克于 1874 年至 1877 年，在慕尼黑大学学习物理学和数学，1879 年他转到柏林大学学习。1879 年，他通过了博士论文，在论文中论述了热力学第二定律。1880 年，他在慕尼黑大学担任物理讲师，1885 年被基尔大学聘为理论物理特约教授。1900 年，普朗克提出了一个重要的物理学常数——普朗克常数，以调和经典物理学理论研究

马克斯·普朗克

热辐射规律时遇到的矛盾。基于普朗克常数的假设，他推导出黑体辐射的普朗克公式，圆满地解释了实验现象。这个成就揭开量子力学的序幕，普朗克也因此获得 1918 年的诺贝尔物理学奖。尽管在后来的时间里，普朗克一直试图将自己的理论纳入经典物理学的框架之下，但他仍被视为近代物理学的开拓

者之一。1926 年，普朗克成为英国皇家学会会员，同时还担任了柏林威廉皇家研究所所长。1947 年 10 月逝世，终年 89 岁。

1900 年，普朗克提的大胆假说在科学界一鸣惊人。这一假说认为辐射能（即光波能）不是一种连续不断的流的形式，而是由小微粒组成的。他把这种小微粒叫做"量子"。普朗克的假说与经典的光学说和电磁学说相对立，使物理学发生了一场革命，使人们对物质性和放射性有了更为深刻的了解。

和其他科学家一样，普朗克对黑体辐射问题也很感兴趣，黑体辐射是描述给绝对黑体加热，来做电磁辐射的术语（绝对黑体是不反射任何光而完全吸收所遇见光的物体）。实验物理学家们甚至在普朗克着手研究这个问题之前就对这样的物体辐射做过认真的测量。普朗克取得的第一项成就是提出了一个用来正确描绘黑体辐射的相当复杂的代数公式。这个代数式完美地概述了实验数据，在今天理论物理学上仍常常使用。但是却有一个问题：公认的物理学定律预示存在着一个完全不同的公式。普朗克对这个问题沉思默想，终于提出了一个崭新的学说：辐射能只能以量子这个基本单位的整倍数形式辐射出来。根据普朗克学说，一个光量子的大小取决于光的频率（即颜色）且与一个物理量成正比。普朗克把这个物理量缩写为 $\hbar$，现在被称为"普朗克常数"。普朗克常数 $\hbar$ 在物理理论中有着重要的作用，现在被认为是两三个最基本的物理常数之一。它出现在原子结构学说、海森伯测不准原理、辐射学说和许多科学公式中。普朗克最初计算出来的常数数值与今天使用的相差 2%。普朗克假说与当时流行的物理概念完全对立，但是他却利用这一假说在理论上准确地推导出正确的黑体辐射公式。普朗克假说具有彻底的革命性。因此若不是他以顽固保守的物理学家而著称，他的假说无疑会被当作一种荒诞的思想而被弃之一边。

但是几年以后，他的假说被成功地应用到其他方面。1905 年，爱因斯坦用这一概念解释了光电效应，1913 年尼尔斯·玻尔在他的原子结构学说中也使用了这一概念。1918 年普朗克获得诺贝尔奖。他的学说基本正确，而且在物理学理论方面具有重要的意义。量子力学的发展可能是 20 世纪中最重要的科学发展,甚至比爱因斯坦的相对论还要重要。

普朗克的另一个鲜为人知伟大的贡献是推导出玻尔兹曼常数 k。他沿着玻尔兹曼的思路进行了更深入的研究后,得出了玻尔兹曼常数。为了向他一直尊崇的玻尔兹曼教授表示尊重,他建议将 k 命名为玻尔兹曼常数。

真正对量子概念起到巨大推动作用的是爱因斯坦,爱因斯坦在 1905 年发表的《关于光的产生与转换化的一个启发性观点》一文中,明确提出了光量子的假说。他认为,即使在空中传播过程中,辐射也不是连续的,光是具有波粒二象性的物质。

阿尔伯特·爱因斯坦

阿尔伯特·爱因斯坦(1879—1955),德国物理学家,相对论的奠基者,20 世纪最重要的两位物理学家之一。

赫兹于 1887 年发现光电效应,光照射到金属上,引起物质的电性质发生变化。这类光变致电的现象被人们统称为"光电效应"。光电效应分为光电子发射、光电导效应和光生伏特效应。前一种现象发生在物体表面,又称"外光电效应";后两种现象发生在物体内部,称为"内光电效应"。1905 年(26 岁)3 月,爱因斯坦发表量子论,提出光量子假说,成功地解释了光电效应。

金属表面在光辐照作用下发射电子的效应,发射出来的电子叫做光电子。光波长小于某一临界值时才能发射电子,此时的波长为极限波长,对应的光的频率叫做"极限频率"。临界值取决于金属材料,而发射电子的能量取决于光的波长而与光强度无关,这一点无法用光的波动性解释。还有一点与光的波动性相矛盾,即光电效应的瞬时性,按波动性理论,如果入射光较弱,照射的时间要长一些,金属中的电子才能积累住足够的能量,飞出金属表面。可事实是,只要光的频率高于金属的极限频率,光的亮度无论强弱,光子的产生都几乎是瞬时的,不超过 10^{-9} 秒。正确的解释是,光必定是由与波长有关的严格规定的能量单位(即光子或光量子)所组成。光电效应里,电子的射出方向不是完全定向的,只是大部分都垂直于金属表面射出,与光照方向无关。光是高频震荡的正交电磁场,振幅很小,不会对电子射出方向产生影响。

　　早在 16 岁时,爱因斯坦就从书本上了解到光是以很快速度前进的电磁波。他非常想探讨与光波有关的所谓以太的问题。以太这个名词源于希腊,用以代表组成天上物体的基本元素。17 世纪的笛卡儿和其后的克里斯蒂安·惠更斯首创并发展了以太学说,认为以太就是光波传播的媒介,它充满了包括真空在内的全部空间,并能渗透到物质中。与以太说不同,牛顿提出了光的微粒说。牛顿认为,发光体发射出的是以直线运动的微粒粒子流,粒子流冲击视网膜就引起视觉。18 世纪牛顿的微粒说占了上风,但 19 世纪却是波动说占了绝对优势,以太的学说也大大发展。与此同时,电磁学得到了蓬勃发展,经过麦克斯韦、赫兹等人的努力,形成了成熟的电磁现象的动力学理论——电动力学,并从理论与实践上证明光就是一定频率范围内的电磁波,从而统一了光的波动理论与电磁理论。以太不仅是光波的载体,也成了电磁场的载体。直到 19 世纪末,人们企图寻找以太,然而从未在实验中发现以太,相反,迈克耳孙-莫雷实验却发现以太不大可能存在。

　　爱因斯坦似乎就是那个将构建崭新的物理学大厦的人。他认真研究了麦克斯韦电磁理论,特别是经过赫兹和洛伦兹发展和阐述的电动力学。爱因斯坦坚信电磁理论是完全正确的,但是有一个问题使他不安,这就是绝对参照系"以太"的存在。他阅读了许多著作,发现所有试图证明以太存在的试验都是失败的。经过研究,爱因斯坦发现,除了作为绝对参照系和电磁场的荷载物外,以太在洛伦兹理论中已经没有实际意义。于是他想到:以太绝对参照系是必要的吗？电磁场一定要有荷载物吗？这时他开始怀疑以太存在的必要性。

爱因斯坦喜欢阅读哲学著作，并从哲学中吸收思想营养，他相信世界的统一性和逻辑的一致性。相对性原理已经在力学中被广泛证明，却在电动力学中却无法成立，对于物理学这两个理论体系在逻辑上的不一致，爱因斯坦提出了怀疑。他认为，相对论原理应该普遍成立，因此电磁理论对于各个惯性系应该具有同样的形式，但在这里出现了光速的问题。光速是不变的量还是可变的量，成为相对性原理是否普遍成立的首要问题。当时的物理学家一般都相信以太，也就是相信存在着绝对参照系，这是受到牛顿的绝对空间概念的影响。19世纪末，马赫在所著的《发展中的力学》中，批判了牛顿的绝对时空观，这给爱因斯坦留下了深刻的印象。

1905年5月的一天，爱因斯坦与一个朋友贝索讨论这个已探索了十年的问题，贝索按照马赫主义的观点阐述了自己的看法，两人讨论了很久。突然，爱因斯坦领悟到了什么，回到家经过反复思考，终于想明白了问题。第二天，他又来到贝索家，说："谢谢你，我的问题解决了。"原来爱因斯坦想清楚了一件事：时间没有绝对的定义，时间与光信号的速度有一种不可分割的联系。他找到了开锁的钥匙，经过5个星期的努力工作，爱因斯坦把狭义相对论呈现在人们面前。

1905年6月30日，德国《物理学年鉴》接受了爱因斯坦的论文《论动体的电动力学》，在同年9月的该刊上发表。这篇关于狭义相对论的第一篇文章，包含了狭义相对论的基本思想和基本内容。不过文章刚发表后，并没有立即引起很大的反响。后来普朗克注意到了他的文章，认为爱因斯坦的工作可以与哥白尼相媲美。正是由于普朗克的推动，相对论很快成为人们研究和讨论的课题，爱因斯坦也受到了学术界的注意。这一年因此被称为"爱因斯坦奇迹年"。

狭义相对论所根据的是两条原理：相对性原理和光速不变原理。爱因斯坦解决问题的出发点，是他坚信相对性原理。伽利略最早阐明过相对性原理的思想，但他没有对时间和空间给出过明确的定义。牛顿建立力学体系时也讲了相对性思想,但又定义了绝对空间、绝对时间和绝对运动,在这个问题上他是矛盾的。而爱因斯坦大大发展了相对性原理,在他看来,根本不存在绝对静止的空间,同样不存在绝对同一的时间,所有时间和空间都是和运动的物体联系在一起的。对于任何一个参照系和坐标系,都只有属于这个参照系和坐标系的空间和时间。

对于一切惯性系,运用该参照系的空间和时间所表达的物理规律,它们的形式都是相同的,这就是相对性原理,严格地说是狭义的相对性原理。在这篇文章中,爱因斯坦没有讨论将光速不变作为基本原理的根据,他提出光速不变是一个大胆的假设,是从电磁理论和相对性原理的要求而提出来的。这篇文章是爱因斯坦多年来思考以太与电动力学问题的结果,他从同时的相对性这一点作为突破口,建立了全新的时间和空间理论,并在新的时空理论基础上给动体的电动力学以完整的形式,以太不再是必要的,以太漂流是不存在的。

什么是同时性的相对性?不同地方的两个事件,我们何以知道它是同时发生的呢?一般来说,我们会通过信号来确认。为了得知异地事件的同时性,我们就得知道信号的传递速度,但如何测出这一速度呢?我们必须测出两地的空间距离以及信号传递所需的时间。空间距离的测量很简单,麻烦在于测量时间。我们必须假定两地各有一只已经对好了的钟,从两个钟的读数可以知道信号传播的时间。但我们如何知道异地的钟对好了呢?答案是还需要一种信号。这个信号能否将钟对好?如果按照先前的思路,它又需要一种新信号,这样无穷后退,异地的同时性实际上无法确认。不过有一点是明确的,同时性必与一种信号相联系,否则我们说这两件事同时发生是无意义的。

光信号可能是用来对时钟最合适的信号,但光速非无限大,这样就产生一个新奇的结论,对于静止的观察者同时的两件事,对于运动的观察者就不是同时的。我们设想一个高速运行的列车,它的速度接近光速。列车通过站台时,甲站在站台上,有两道闪电在甲眼前闪过,一道在火车前端,一道在后端,并在火车两端及平台的相应部位留下痕迹。通过测量,得出的结论是,甲是同时看到两道闪电的。因此对甲来说,收到的两个光信号在同一时间间隔内传播同样的距离，并同时到达他所在位置，这两起事件必然在同一时间发生，它们是同时的。但对于在列车内部正中央的乙，情况则不同，因为乙与高速运行的列车一同运动，因此他会先截取向着他传播的前端信号，然后收到从后端传来的光信号。对乙来说，这两起事件是不同时的。也就是说，同时性不是绝对的，而取决于观察者的运动状态。这一结论否定了牛顿力学中引以为基础的绝对时间和绝对空间框架。

相对论认为，光速在所有惯性参考系中不变，它是物体运动的最大速度。由于相对论效应，运动物体的长度会变短，运动物体的时间膨胀。但由于日常生活中所遇到的问题，运动速度都是很低的（与光速相比），看不出相对论效应。

爱因斯坦在时空观的彻底变革的基础上建立了相对论力学，指出质量随着速度的增加而增加，当速度接近光速时，质量趋于无穷大。并且给出了著名的质能关系式：$E=mc^2$。质能关系式对后来发展的原子能事业起到了指导作用。物质不灭定律，说的是物质的质量不灭；能量守恒定律，说的是物质的能量守恒。虽然这两条伟大的定律相继被人们发现了，但是人们以为这是两个风马牛不相关的定律，各自说明了不同的自然规律。甚至有人以为，物质不灭定律是一条化学定律，能量守恒定律是一条物理定律，它们分属于不同的科学范畴。

但爱因斯坦认为，**物质的质量是惯性的量度，能量是运动的量度；能量与质量并不是彼此孤立的，而是互相联系、不可分割的。物体质量的改变，会使能量发生相应改变；而物体能量的改变，也会使质量发生相应改变。**

爱因斯坦的质能关系公式，正确地解释了各种原子核反应：就拿原子量为 4 的氦来说，它的原子核是由 2 个质子和 2 个中子组成的。照理，其质量就等于 2 个质子和 2 个中子质量之和。实际上，这样的算术并不成立，氦核的质量比 2 个质子、2 个中子质量之和少了 0.0302u[①]！这是为什么呢？因为当

---

①   u：原子质量单位。1u＝1.6605×10^{−27}kg。

2 个氘核(每个氘核都含有 1 个质子、1 个中子)聚合成 1 个氦原子核时,释放出大量的原子能。生成 1 克氦原子时,大约放出 $2.7×10^{12}$ 焦的原子能。正因为这样,氦原子核的质量减少了。

这个例子生动地说明:在 2 个氘原子核聚合成 1 个氦原子核时,似乎质量并不守恒,也就是氦原子核的质量并不等于 2 个氘核质量之和。然而,用质能关系公式计算,氦 4 原子核失去的质量,恰巧等于因反应时释放出原子能而减少的质量。

爱因斯坦从更新的高度,阐明了物质不灭定律和能量守恒定律的实质,指出了两条定律之间的密切关系,使人类对大自然的认识又深了一步。

1906 年(27 岁),爱因斯坦完成了固体比热的论文,这是关于固体的量子论的第一篇论文。1912 年(33 岁),提出"光化当量"定律。1913 年,爱因斯坦应普朗克之邀,担任新成立的威廉皇帝物理研究所所长和柏林大学教授。

1914 年(35 岁),爱因斯坦接受德国科学界的邀请,迁居到柏林。8 月,爆发了第一次世界大战后,他虽身居战争的发源地,生活在战争鼓吹者的包围之中,却坚决地表明了自己的反战态度。9 月,爱因斯坦参与了发起反战团体"新祖国同盟"。

与此同时,爱因斯坦继续探索相对论的有关问题,在一篇文章中第一次提到了等效原理。此后,爱因斯坦关于等效原理的思想又不断发展。他以惯性质量和引力质量成正比的自然规律作为等效原理的根据,提出在无限小的体积中均匀的引力场完全可以代替加速运动的参照系。他还提出了封闭箱的说法:在一封闭箱中的观察者,不管用什么方法也无法确定他究竟是静止于一个引力场中,还是处在没有引力场却在作加速运动的空间中,这是解释等效原理最常用的说法。而惯性质量与引力质量相等是等效原理的一个自然的推论。

1915 年(36 岁)11 月,爱因斯坦先后向普鲁士科学院提交了 4 篇论文。在这 4 篇论文中,他提出了新的看法,给出了《广义相对论》引力场方程的完整形式,并且成功地解释了水星近日点运动。至此,广义相对论的基本问题都解决了,广义相对论诞生了。1916 年,爱因斯坦完成了长篇论文《广义相对论的基础》。在这篇文章中，爱因斯坦首先将以前适用于惯性系的相对论称为狭义相对论，将只对于惯性系物理规律同样成立的原理称为狭义相对性原理，并进一步表述了广义相对性原理：物理学的定律必须对于无论哪种方式运动着的参照系都成立。

爱因斯坦的广义相对论认为，由于有物质的存在，空间和时间会发生弯曲，而引力场实际上是一个弯曲的时空。爱因斯坦用太阳引力使空间弯曲的理论，很好地解释了水星近日点进动中一直无法解释的 43 秒。广义相对论的第二大预言是引力红移，即在强引力场中光谱向红端移动，20 世纪 20 年代，天文学家在天文观测中证实了这一点。广义相对论的第三大预言是引力场使光线偏转。最靠近地球的大引力场是太阳引力场，爱因斯坦预言，遥远的星光如果掠过太阳表面将会发生 1.7 秒的偏转。1919 年，在英国天文学家爱丁顿的鼓动下，英国派出了两支远征队分赴两地观察日全食。经过认真的研究，得出的最后结论是：星光在太阳附近的确发生了 1.7 秒的偏转。英国皇家学会和皇家天文学会正式宣读了观测报告，确认广义相对论的结论是正确的。会上，著名物理学家、皇家学会会长汤姆逊说："这是自从牛顿时代以来所取得的关于万有引力理论的最重大的成果"，"爱因斯坦的相对论是人类思想最伟大的成果之一"。爱因斯坦在 1916 年写了一本通俗介绍相对论的书《狭义与广义相对论浅说》，到 1922 年已经再版了 40 次，还被译成了十几种文字，广为流传。

1955 年(76 岁)4 月 18 日午夜，爱因斯坦逝世于普林斯顿。遵照他的遗嘱，他死后并没有举行任何丧礼，也不筑坟墓和纪念碑，骨灰撒在了永远保密的地方。

在此之后，德布罗意提出了物质波假说，波尔提出了关于几率波的假说，海森伯创立了矩阵力学，薛定谔创立了波动力学。在短短 20 多年内，量子力学便从初生到蓬勃发展再到形成完整的理论体系，成为现代物理学的理论基石，也促使宇宙学开创了从小到极致的粒子研究整个宇宙的方法。

相对论的意义：

狭义相对论和广义相对论建立以来，已经过去了很长时间，它经受住了实践和历史的考验，是人们大都承认的真理。相对论对于现代物理学的发展和现代人类思想认识论的发展都有巨大的影响。相对论从逻辑思想上统一了经典物理学，使经典物理学成为一个完美的科学体系。

狭义相对论在狭义相对性原理的基础上统一了牛顿力学和麦克斯韦电动力学两个体系，指出它们都服从狭义相对性原理，都是对洛伦兹变换协变的，牛顿力学只不过是物体在低速运动下很好的近似规律。广义相对论又在广义协变的基础上，通过等效原理，建立了局域惯性系与普遍参照系之间的关系，得到了所有物理规律的广义协变形式，并建立了广义协变的引力理论，而牛顿引力理论只是它的一级近似。这就从根本上解决了以前物理学只限于惯性系的问题。从逻辑上得到了合理的安排。相对论严格地考察了时间、空间、物质和运动这些物理学的基本概念，给出了科学而系统的时空观和物质观，从而使物理学在逻辑上成为完美的科学体系。

对于爱因斯坦引入的这些全新的概念，当时地球上大部分物理学家，其中包括相对论变换关系的奠基人洛伦兹，都觉得难以接受。甚至有人说"当时全世界只有两个半人懂相对论"。旧的思想方法的障碍，使这一新的物理理论直到一代人之后才为广大物理学家所熟悉，就连瑞典皇家科学院，1922年把诺贝尔物理学奖授予爱因斯坦时，也只是说"由于他对理论物理学的贡献，更由于他发现了光电效应的定律"。对爱因斯坦的诺贝尔物理学奖颁奖词中竟然对于爱因斯坦的相对论只字未提。应当承认，相对论没有获诺贝尔奖，一个重要原因就是还缺乏大量事实验证。

爱因斯坦的理论直接否定了经典宇宙学中"以太"假说，打破了时空的局限性与分割性，将空间物体的质量、速度与时间、空间相互联系起来，并提出了时空弯曲假设，在引力场中抛弃了惯性系。但是，爱因斯坦错误地提出了"宇宙常数"作为静态宇宙模型的基础，认为"宇宙常数"所导致的微弱斥力，会与万有引力相抗衡，这样宇宙便消除了膨胀或收缩的全局性动态变化，而归于永恒状态。后来，在参观了威尔逊山天文台，与哈勃、勒梅特等人推心置腹地讨论各自观点后，爱因斯坦放弃了自己的学说，并承认引入"宇宙常数"是一生中最大的失误。然而，这并不妨碍狭义与广义相对论基本是正确的，之后宇宙学家的几乎所有理论都是基于相对论而提出的。

5.2.4　宇宙大爆炸理论

哈勃向世界证明了宇宙正如一个气球一般不断胀大，引起科学界的关注。同时，也有天文学家想到，宇宙既然是不断膨胀的，"这种情况也就意味着，过去的宇宙比今天的宇宙占有较小的空间尺度。因此，如果不断地以时间回溯，越早期的宇宙就会越小；那么总会有足够早的某个时刻，宇宙是处在它的最小的状态。"

比利时最著名的天文学家，也是一位天主教士——勒梅特（1894—1966），开创了研究宇宙起源的先河。1932年，他提出宇宙有一个起始之点，这个点正好与教会正苦苦追寻的上帝创世之点契合。他认为，上帝创世时创造了一个"原始原子"，而后这个"原始原子"不断胀大，如同橡果长成参天的橡树一般。而这个模型，也与爱因斯坦方程式中暗藏的宇宙膨胀趋势相符合。

根据哈勃定律进行时间回溯，勒梅特推算出宇宙的年龄大约是150亿年。勒梅特的"原始原子"假说如果得到证实，那么毫无疑问，"关于宇宙无限和永恒的观念是错误的"。滑入了形而上学的上帝创世论。

1. 大爆炸宇宙模型

1948年，俄裔美籍物理学家伽莫夫（1904—1968）与他的博士生阿尔夫提出了热大爆炸宇宙模型。他们认为宇宙在膨胀的初期存在过一个高温、高密的"原始火球"，在这个特殊状态中，同时存在着质子、中子、正负电子与中微子，各种粒子以极其致密的形式处于平衡状态。随着宇宙膨胀，温度降低，平衡过程被破坏。一部分中子因 β 衰变成为质子和电子,质子由于俘获中子成为重质子。这样,由于反复发生质子俘获与 β 衰变,更重的元素便由此产生。

热大爆炸宇宙模型后来成为科学界主流宇宙学基础理论。

2. 大爆炸理论的反对者

同年,剑桥大学教授邦迪、霍伊尔与戈尔德等人提出了"稳态宇宙模型",这种模型虽然称作稳态,却并不排斥宇宙膨胀说。霍伊尔等人提出,宇宙在空间上均匀各向同性,在时间上恒稳不变;认为由于膨胀而在各星系间产生的缝隙中,不断会有新的物质(恒星)产生,填补膨胀所遗留下来的空间。这种学说克服了当时由于哈勃常数不精确,导致的宇宙年龄小于地球年龄的问题,以及光度的佯谬,成为与"大爆炸"理论相抗衡的学说。

为了使自己的学说更有说服性,霍伊尔与他的同事探究了恒星的演化过程。他们研究发现,当空间中的氢原子由于引力逐渐聚合到一起,会形成越来越大的球体。受引力作用,氢原子间的密度也不断随着增大,内部压力越来越大。当压力达到足够高的程度,氢原子将发生聚变反应,形成氦元素。在核聚变的过程中,巨大而持续的能量被释放出来,恒星发出了强烈的光亮,这便解决了恒星为何发光的古老难题。

霍伊尔等人还指出,恒星在燃尽了氢元素之后,体内大多数都是稍重的氦元素,由于缺少氢元素发生核聚变,氦元素将以聚合得更加紧密。于是,氦元素之间由于巨大的压力发生新的核聚变,形成更重的元素。新的元素由于压力又会产生新的更重的元素。而氦元素合成新的元素之前,并非所有的氢元素已经消失。每一次合成新的元素,都会有原有的元素剩余下来。这就意味着,只要恒星的质量足够大,在恒星的晚年便可以产生所有的重元素。霍伊尔大胆地预言,超新星爆发时极高的温度,能够引发不同寻常的核聚变,产生更多的重元素。后来的发现表明,超新星上存在着几乎所有种类的重元素。

尽管"稳恒态宇宙模型"违背了能量守恒定律,没有说明物质产生的具体途径和机制,也无法解释背景辐射与氦元素丰度问题,但是霍伊尔等人对恒星演化过程的研究却是值得称道的。

3. 大爆炸理论最重要的证据

在研究宇宙早期状态时，大爆炸理论提出者阿尔夫发现，大爆炸早期的甚高温状态下，宇宙呈现的是辐射态而不是物质态。根据大爆炸理论，大爆炸1秒以后，宇宙处于高温、高热（大约 100 亿摄氏度）的粒子"羹汤"状态，这时整个宇宙处于均匀的热平衡状态。随着宇宙的膨胀和降温，其中的一些粒子逐次与其余部分粒子脱耦（由强关联关系变为弱关联关系）。此时产生的核反应使中子和质子聚合在一起形成氦核，余下的核子（没有聚合的质子）自然就形成了氢核。精确的理论计算表明，当时应有 23.6% 的物质质量聚合成了氦核。英国皇家格林尼治天文台对众多星系中原始星云的发射光谱进行观测的结果表明，宇宙中氦的实际丰度为 23.5%。这一结果与大爆炸的理论预言极为相符，成为大爆炸理论最重要的证据之一。而稳恒宇宙理论却无法对此进行解释。进一步研究表明，"这些早期炽热阶段的冷却遗迹就是我们今天所呈现的宇宙。"经过计算，他们推算出热背景辐射应该在 5 开左右。

发现背景辐射的不是正规的宇宙学家，而是贝尔电话实验室的两位工程师——彭齐亚斯和威尔逊。1964 年，普林斯顿大学的罗伯特·迪克与他的同事们制造了一个精密的探测器，踌躇满志地准备开始寻找阿尔夫所言的背景辐射，但却接到一个陌生的电话。这个电话来自贝尔电话实验室。当时的彭齐亚斯与威尔逊正在校正为测试卫星通信而设计的号角式反射天线。他们以极大的耐心追踪和去除了各种干扰源，"甚至清除了巨大牛角形天线中的鸽子粪便"，却发现干扰依旧如故。他们测定了那背景辐射的温度，得到的答案是3.5 开。1989 年，美国宇航局发射了宇宙背景探测者卫星（cosmic background explorer，COBE）。1990 年，COBE 的"远红外绝对分光广度计"小组宣布，宇宙微波背景辐射非常精确地等于绝对温度为 2.725 开的黑体辐射，上下误差为 0.001 开。这个结果被许多科学家看作是大爆炸学说无可争辩的观测事实。宇宙背景辐射——大爆炸的遗迹——就这样被找到了。彭齐亚斯与威尔逊也因此获得了 1978 年度的诺

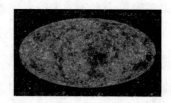

贝尔物理学奖。

宇宙背景辐射的发现为 10 多年来一直被讨论的"假说"提供了一项强有力的证据,包括在大爆炸理论提出前便被论证了的哈勃宇宙膨胀理论。再加上氢元素丰度(大爆炸理论推测宇宙中氢元素丰度大约是 75%,氦元素丰度为 24%,而现在对宇宙的观测证实了宇宙大爆炸理论的推测,这个已经成为证实宇宙大爆炸理论的一个有力的证据)的证实,宇宙大爆炸理论得到了最重要的三个证据。这也说明了大爆炸理论的包容性与吸引力,尽管未被完全证实,却几乎已经成为一个真理。"对于许多宇宙学家来说,大爆炸理论今天成了天体物理学的聚合力量,它使天体物理学与粒子物理学相关联,也使整个天文学成为一个统一的整体。"大爆炸理论之于今日宇宙学,其意义之深远,再怎么估计都不会过分。

到了 20 世纪 80 年代,美国宇宙学家古斯提出了大爆炸模型的一种补充理论——暴胀宇宙模型。在这个模型中,在大爆炸后的 10 秒至 30 秒内,宇宙的尺度按指数攀胀,其间温度急剧下降后回升,视界距离疾增,物质向现有粒子形式转化。这个理论中以奇点代替了"原始火球",解决了大爆炸模型无法解决的视界问题、平直性问题与磁单极子问题。但暴胀模型的尚不成熟,目前尚无完全成功的理论模型。暴胀宇宙模型实际是大爆炸说的一种改良。

还有学者提出"奇点起源说",又可以叫"无中生有"宇宙观,大意如下:

目前观测到的宇宙大爆炸源于一个四维时空奇点。它没有大小,没有过去,没有物质,没有一切。突然,它变大了,有了时间,有了空间,有了能量、质量,有了一切。宇宙大爆炸开始了。

不过,这种理论并不科学:①它违反了普适的能量守恒定律、质量守恒定律等科学规律;②这个奇点没有来源,没有"因"。所以,它违反了作为科学基础的因果律。

大爆炸理论再次火热起来的同时,也引发了许多相关问题的激烈讨论,宇宙"热寂说"便是其中一个。热寂说博大精深,对热寂说的研究探讨也成为近代科学史中最令人费解的谜题。热寂说的提出者,是热力学第二定律的提出者,开尔文与克劳休斯。

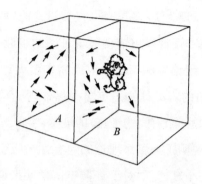

麦克斯韦妖

　　热力学第二定律认为,不可能把热从低温物体传到高温物体而不产生其他影响;不可能从单一热源取热使之完全转换为有用的功而不产生其他影响;不可逆热力过程中熵的微增量总是大于零。进而推断出,在一切自然现象中,熵(物理学上指热能除以温度所得的商,标志热量转化为功的程度)的总值永远只能增加而不能减少。于是到处不断进行的变化过程,可以用下面的定律简短地表述:宇宙的熵趋于极大。宇宙越是接近于这个熵是极大的极限状态,那就任何进一步的变化都不会发生了,这时宇宙就会进入一个死寂的永恒状态。

　　热寂说提出后不久,便受到麦克斯韦的诘难,麦克斯韦设计了一个假想的存在物——"麦克斯韦妖"。麦克斯韦妖有极高的智能,可以追踪每个分子的行踪,并能辨别出它们各自的速度。这个设计方案如下:"我们知道,在一个温度均匀的充满空气的容器里的分子,其运动速度绝对不均匀。然而任意选取的任何大量分子的平均速度几乎是完全均匀的。现在让我们假定把这样一个容器分为两部分,A 和 B,在分界上有一个小孔。再设想一个能见到单个分子的存在物,打开或关闭那个小孔,使得只有快分子从 A 跑向 B,而慢分子从 B 跑向 A。这样,它就在不消耗功的情况下,B 的温度提高,A 的温度降低,这与热力学第二定律发生了矛盾。"

　　热寂说不仅在科学上受到科学家的反对,恩格斯也曾反对过这一学说,使得这一学说的争议再次扩展到哲学上。但是 100 多年来,尽管众多科学家都曾提出过各式各样的反对意见,热寂说却始终未伤及根本。麦克斯韦虽然提出了"麦克斯韦妖"这一假想的生物,却并未设计实验证明这一假说的真实性。后世虽有许多反对的声音,实际都未能切中要害。直到 20 世纪 60、70 年代大爆炸说为众多天文学家接受以后,热寂说才受到了前所未有的挑战。

彭齐亚斯与威尔逊在发现宇宙背景辐射时,发现各个方向的噪声都是一样的,这便说明背景辐射温度在所有的方向上都是相同的。更进一步,这便说明宇宙的初始状态是均匀的、平衡的,符合热力学第二定律所说的热平衡状态。大爆炸之后,宇宙才逐渐偏离热平衡态。

热寂说在此时受到的挑战在于,在一个膨胀的宇宙中,是否能够存在热平衡呢?

以下便是一种根据大爆炸理论对热寂说提出的反对:宇宙中存在着两类基本物质,一种是辐射,一种是粒子。辐射的温度与粒子的温度不一样。那么按照经典热力学,经过一段时间后,二者温度必然完全相同。这是静态空间中的结论。然而在膨胀的宇宙中,结论却完全不同。在膨胀的过程中,辐射的温度降低较慢,粒子温度降低较快,会造成辐射温度高于粒子温度,从而产生温差。这与经典力学的结论是相反的。尽管这个温差会因为辐射与粒子的碰撞而消失,最终达到热平衡,但是由于辐射与粒子相撞的可能性较低,因而达到热平衡所需的时间远比宇宙膨胀所需的时间要长,因而辐射和粒子之间永远不可能达到热平衡。此时系统的熵尽管在不断增加(即热量不断丧失,符合热力学第二定律),但却离平衡态越来越远。

在一个体系中,如果同时存在着正热容物体和负热容物体,那么这个体系就具有极大的不稳定性。稍有扰动,平衡就会彻底遭到破坏而产生温差。只要有自引力体系存在,原则上就不存在稳定的热平衡,而宇宙间的天体或天体系统大多数正是这种自引力系统。尽管自引力系统中熵是增加的,但由于没有热平衡,因而熵的增加是无止境的,永远都没有极大值。

热力平衡是热力学第二定律的基石,在引力起作用的体系中,热力学意义上的热平衡状态极有可能是不存在的。因此，热寂说面临着新的更为严峻的考验。

对于热力学第二定律的界定，中国学者张邦固在《恒星起源动力学》一书中给予了科学的论证。结论是：由忽略了引力的宏观系统总结出来的熵增原理不适用于以引力为主的宇观系统。因为，在宏观系统，引力被忽略，无规热运动占主导地位，体现系统无规运动的熵就倾向增加；在宇观系统，引力占主导，粒子的运动趋向有序，熵就要减少。

至此，热寂说的基石已经去除，没有必要再杞人忧天。

概括论述一下：宇观世界的熵与宏观世界的熵不同。

（1）宏观系统中，引力被完全忽略了。例如，在热机中起重要作用的气体系统中，气体分子之间的作用基本上被忽略了。在比较细致的研究中，也只是考虑分子之间的范德瓦耳斯力。大家知道，这也是一种电磁相互作用。

（2）在宇观系统中，基本上只有引力起作用。

（3）孤立宏观气体系统倾向于膨胀。一个气体系统，只要打开它的壁，它就会膨胀。而孤立宇观气体系统会在自身引力作用下收缩，早期恒星就是这样形成的。对此有兴趣的读者可以看看《恒星起源运动学》（科学出版社，1994）。

可以看到，正是两种系统的区别导致了两种系统的熵发生截然相反的变化。

（1）宏观气体系统倾向于膨胀。膨胀之后，空间大了，对应的微观状态就会增多，熵就会变大。而宇观孤立气体系统会收缩，相应地它的熵会减少。

（2）宏观气体系统中引力被忽略了，起主要作用的是热作用。这是使运动更加混乱的作用，所以熵会增加。宇观孤立气体系统中引力起主要作用，引力是使粒子运动更加有序的作用，系统的熵会减少。

实际的计算表明，在早期恒星形成的过程中，它的熵确实是在不断减少。

我们宇宙的熵在不断减少：

我们宇宙完全"浸泡"在背景辐射之中，是一个热平衡态。它的熵是容易计算的。在下图中：大爆炸发生时（t_1），我们宇宙的半径（细线）最小，熵（粗线）最大。之后，随着宇宙的膨胀，熵不断减少，直到宇宙膨胀结束（t_2），背景辐射消失，系统不再是热力学状态，运动不再混乱，系统的熵等于零。

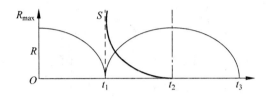

我们宇宙的熵 S（粗线）

对于宇宙膨胀的结果及未来的趋势，必须强调宇宙微波背景辐射的光子平衡态性质，这是客观的，最根本的。因此它定性地决定了，我们宇宙是引力束缚态，不会永远膨胀；根据天文观测的背景辐射温度、宇宙密度和宇宙半径数据，计算我们宇宙的总能量，可以发现宇宙总质量小于宇宙总静止质量，这就定量地说明，我们宇宙是引力束缚态。

由背景辐射温度和观测到的宇宙密度可以得到，光子数是粒子数的 100 亿倍。进而推断，宇宙的整体运动由背景辐射决定。

由观测到的众星系退行表明，背景辐射已经膨胀了 100 多亿年。可以得出，光子平衡态必然膨胀。这就是大爆炸的原因。

下面分析宇宙从目前的膨胀到将来收缩的转折过程。希望能找到发生这种转折的原因。

和多数讨论宇宙整体运动的文章一样，我们也采用抹平了的宇宙模型。具体地说，就是不考虑形成恒星、星系等局部的运动。在光子平衡态的背景下，氢原子、中子等粒子均匀地分布在宇宙中。由于粒子的相对数极少，不妨形象地叫它做"光子清汤"。

随着宇宙继续膨胀，背景辐射的温度会进一步降低。当它由目前的2.735 开降到 0 开时，宇宙便会转入收缩。理由如下：

1）光子平衡态必然膨胀。前面已经介绍过，天文观测表明我们的宇宙在膨胀着。也就是说，这是一个事实。并且，这是不可能偶然发生的。只能把它看成是系统本身固有的性质。

（1）重子等静止质量不为零的粒子系统可能收缩，例如，恒星就是一团气体收缩而成的。

（2）宇宙整体的热力学性质由光子平衡态决定。

① 在过去 100 多亿年以上的时间里，光子平衡态一直在膨胀着。这不仅是大爆炸理论的内容，也是我们观测到的客观事实，我们观测到的遥远的星系退行正是表现了几亿、几十亿……年前宇宙光子平衡态膨胀的信息。

② 这种膨胀是光子平衡态自身的特性。它不同于弹片飞向四面八方的"膨胀"。弹片的"膨胀"源于起初炸药爆炸，它们飞向四面八方，均远离它们的质心。宇宙光子平衡态中任何一块空间，必然包含着奔向各方的光子，既有背离宇宙质心的，也有朝着质心的。它也不同于超新星类型的爆炸。超新星爆炸后形成的星云是一层气体壳。这层气体壳与残留的核之间有着广袤的密度相对小的空间。光子平衡态中物质是三维均匀的。

③ 由于系统中光子数占绝对多数，与光子之间的相互作用比较，粒子所参与的相互作用对系统性质的影响可以忽略。

④ 与其他任何粒子不同，光子永远以光速运动，无论相对于任何参考系。因此，光子的平衡态也必然有与众不同的性质。只有到了热力学温度零度（0 开），光子平衡态消失了，宇宙膨胀才会停止。所以说，必然膨胀是光子平衡态的固有性质。

2）从能量转换的角度来看。宇宙膨胀过程是宇宙物质的动能逐渐转化为引力势能的过程。宇宙膨胀到最大时，应该是其动能最小（零）之时。光子平衡态正是宇宙动能形态的主要体现。

3）从运动形态上看。大爆炸后，没有与重子脱耦之前，光子数与重子数大致相同。单个粒子与单个光子的平均动能大致相等。这种热平衡态可以形象地叫做"光子浓汤"。宇宙不断膨胀，"光子浓汤"变成了"光子清汤"。宇宙一直处于热平衡态之中。所有粒子和光子均在热运动，系统的熵不等于零。

相反,在收缩过程中,所有粒子均同步地奔向质心,是完全有序的运动。系统的熵恒为零。

当宇宙膨胀到 $R = R_{max}$,温度降到了热力学温度零度(0 开),宇宙微波背景辐射彻底消失了。各星系不再退行,处于相对静止状态。这样,宇宙将不会进一步膨胀。在重子之间引力的作用下,宇宙将进入收缩阶段。

通过具体的计算,有 $R_{max} = 2.13 \times 10^{10}$ 光年。

我们看到,此时宇宙已经处于膨胀的尾声,继续膨胀约 6% 以后,它将不再膨胀。在引力作用下开始收缩。在均匀分布条件下得到的收缩是同步的。

当宇宙中众粒子同步到达宇宙质量中心附近一个相对小(大约 $R_{min} = 4.4377 \times 10^{13}$ 米。为了对这个宇宙的最小半径有一个感性的认识,我们把地球到太阳的平均距离列在下面:1 天文单位 = 1.496×10^{11} 米。也就是说,它比日地距离还大了近 300 倍! 这样的宇宙球怎么会是一个点?)的区域时,会发生剧烈碰撞,从而激发下一个光子平衡态。

感兴趣的读者可见《宇宙中航行》(张邦固著,知识产权出版社,2014 年 2 月)。

5.2.5　黑洞理论

最早涉及黑洞这一类天体的科学家,既不是爱因斯坦,也不是霍金,而是一位 18 世纪的剑桥大学学监。这位学监的名叫约翰·米歇尔,他在《伦敦皇家学会哲学学报》上发文指出,对于一定质量的星体而言,其周长越小,表面的引力越强,粒子逃离星体的引力作用就越强。根据这个前提,他提出,星体存在一个临界周长,对于粒子而言其逃逸速度为光速。那些周长小于临界周长的星体,光粒子无法从表面逃逸,星体便成了黑暗星。这个黑暗星,也便是我们现在称之为黑洞的天体。

1915 年爱因斯坦相对论发表后,相对论方程式成为众多科学家的研究对象。1916 年,德国物理学家卡尔·史瓦西(1873—1916)找到了广义相对论球对称引力场的严格解,被称为"史瓦西度规"。在解释这一概念时,他提出,在距离极高密度天体或大质量天体的中心的某一距离上,逃逸速度相当于光速。

简言之，就是在此距离内的任何物质或者辐射，都无法逃逸这类星体。这便是史瓦西半径，史瓦西半径上的点形成的球面被称为"视界"。

1928年，一位来自印度的18岁天才钱德拉塞卡（公元1910—1995年）在前往英国的途中计算出了一个极限值：恒星在耗尽自己所有的燃料之后，多大的质量使它能够对抗自己的引力而不坍缩。其意思是，恒星在生命的最后阶段，引力使其缩小，粒子变得十分致密，粒子间相互排斥并使得恒星存在膨胀倾向。这与粒子间的引力作用相反，两种相反的力便决定了恒星的最终归宿，而其关键作用的因素，便是恒星的质量。

钱德拉塞卡计算出，质量超过太阳1.44倍的恒星，在最后阶段将无法维持自身大小以对抗引力。这便是后来著名的钱德拉塞卡极限。他在1935年宣读自己的论文时，提出了这个理论。不过，结果却是爱丁顿将其讲稿撕成两半。爱因斯坦也发文反对这个理论。因为按照这个理论，质量超大的恒星甚至可能坍缩为一个点。差不多30年后，一些天文学家才接受了这个理论。

1939年，奥本海默（1904—1967）与他的研究生斯奈德在《物理学评论》上发表文章，他们指出，当恒星收缩到某一临界半径时，其表面引力大到使光线严重偏折，直至无法逃离。当时，奥本海默的这一理论并未得到重视，他本人随后也投入到了原子弹的制造中。直到20世纪60年代，现代天文学技术（尤其是射电望远镜的应用）的发展使得研究宇宙大尺度问题成为新的热点，奥本海默的工作才被天文学家重新发现并推广。

1964年，彭罗斯证明了所有内爆的恒星（也就是暗星）一旦形成事件视界（视界内的物质，将无法对视界外的事物产生任何影响，视界外的物质也无法观测到视界内的事物，实际就是黑洞的不可逃逸范围。）就必然会成为奇点。在此之后，黑洞理论有了长足的发展。1967年，美国物理学家约翰·阿奇博尔德·惠勒（1911—2008）正式提出了"黑洞"这一名词。1969年，彭罗斯再次证明可以提出黑洞的能量，并提出物理定律不允许裸奇点生成的宇宙监督假设。裸奇点是理论中没有被视界包围住的引力奇点，光和粒子都能够从中逃逸，使得我们能够观测奇点附近的时空弯曲。假如时空出现了裸奇点，物理学定律将失去描述未来事件的力量，这便是宇宙监督假说。1971 年，霍金提出了原始黑洞诞生于宇宙早期的理论。1974 年，他又提出黑洞具有热辐射的理论，"这个重要的发现告诉我们黑洞没有原来认为的那么黑"。

黑洞附近由于巨大的引力作用，存在强烈的时空弯曲，能够使光线产生偏折现象。在这种情况下，即便是有一部分光进入事件视界后无法逃逸，但仍有部分光线绕过黑洞而到达地球。因此，在我们的直接观测中，黑洞似乎并不存在，这便是黑洞迄今为止无法通过直接观测确认的原因。

但这并不意味着黑洞无法检测。"正如约翰·米歇尔在他 1783 年的先驱性论文中指出，黑洞仍然将它的引力作用到周围的物体上。"天文学家观测到许多双星系统，其中有一些系统，一颗可见的恒星环绕着另一颗不可见的恒星运动，最著名的是天鹅座 X-1 双星系统。不过仅仅依靠这一点，并不能确定黑洞的存在，因为不可见的恒星有可能只是由于星等较低观测不到。这时就需要借助万有引力与钱德拉塞卡极限的理论了。从不可见星对可见星的摄动情况，我们可以分析出不可见星的引力与大小；根据可见星的运行轨道，利用双星运行模式的万有引力方程，我们可以得出不可见星的最小可能质量。而计算表明，天鹅座 X-1 双星系统中的不可见星的最小质量约为太阳的 6 倍，且这个伴星的引力奇大，体积却非常小。根据钱德拉赛卡极限，超过太阳质量1.44 倍的恒星，将有可能坍缩为中子星。而质量达到太阳 6 倍的恒星，只可能是黑洞。

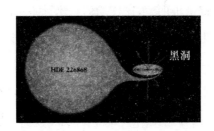

天鹅座 X-1 双星系统是人类通过此种方式发现的第一个可能的黑洞，发现时间为 1971 年。自此之后，便不断有黑洞被发现，黑洞的研究也更进一步。到 2011 年 11 月，借助哈勃空间望远镜，科学家首次拍摄到围绕遥远黑洞周围的盘状构造。

依照目前的探测手段，黑洞能够探测到的物理性质只有三个：质量、电荷、角动量。这三个量是无法变为电磁辐射的守衡量，确定这三个量后，便确定了黑洞的大小、形状与其他一切信息。这个理论被称为"无毛定理"，也可以用一句格言总结："黑洞没有毛。""毛"代指黑洞除了三个可探测属性外的大量信息，"无毛"表明我们无法探测这些信息。"所以，无毛定理还意味着，有关这个天体的非常大量的信息，在黑洞形成时消失了。"

对于黑洞结构的研究，目前以霍金的理论最为学界接受。在《时间简史》中，霍金花了整整两章的篇幅，详细描述了目前黑洞研究的最新理论成果。

之后的三年，霍金试图将量子力学引入黑洞理论中，论证了"霍金辐射"。然而霍金认为，即便黑洞将自身能量以黑洞辐射的形式辐射出去，自身渐渐蒸发，失去质量，这些辐射却无法反映之前的所有信息，所有的信息将随着黑洞的蒸发而消散。而根据量子理论，这样的信息永远不可能消失。在这里，霍金的理论与量子力学发生了冲突，这便是著名的"黑洞悖论"。实际上霍金并未将"黑洞悖论"著入《时间简史》中，或许是因为在那是他自己也不甚确定。直到 2004 年，霍金在一次国际会议中表示，自己所坚持的"黑洞悖论"是错误的。

在《时间简史》中，霍金还提到一类奇特的黑洞——太初黑洞。太初黑洞也叫"原初黑洞"，霍金于 1971 年就预言了太初黑洞的存在。这种黑洞并非由恒星坍缩而成，而是在宇宙大爆炸的初期，某些区域密度非常大，以至于宇宙膨胀后这些区域的密度仍然大到可以形成黑洞。这些黑洞的质量并不大，只有 10 亿吨左右（一座大山的质量）；体积很小，甚至小于原子核大小。而到目前为止发现的最大的黑洞，质量大概是太阳的 100 亿倍。银河系中心的黑洞，也有太阳的 400 万倍。但大多数黑洞的质量为太阳的数倍。大质量黑洞通常位于星系的中心，维持着整个星系的运转。

霍金在提出"霍金辐射"理论时曾提出，质量大的黑洞，温度越接近热力学温度零度，蒸发越慢；质量小的黑洞，温度稍高，蒸发速度越快。质量很小的太初黑洞可能已经蒸发或者即将蒸发，天文学家们试图侦测太初黑洞最后蒸发时发射的伽马射线。

霍金对黑洞理论的贡献，不仅仅在于研究成果的不断深入，更在于研究方法与思维方式的更新。他身残志坚的奋斗精神令人赞叹。30 年前，黑洞对大多数科学家来说是一个陌生的名词。而现在，稍有文化的人都对黑洞有些许的了解。但是，他提倡奇点说，在奇点时一切已知规律都不遵守；时间、空间都以此为起点；以及黑洞悖论等都是错误的，我们应当分清。

史蒂芬·威廉·霍金，1942 年 1 月 8 日出生于英国牛津。毕业于牛津大学和剑桥大学，并获剑桥大学博士学位。英国剑桥大学应用数学与理论物理学系物理学家，1979 年至 2009 年任卢卡斯数学教授。牛顿也曾任此职，是人类历史上最伟大的教授职位。霍金在 21 岁时不幸患上了会使肌肉萎缩的卢伽雷症，所以被禁锢在轮椅上，现在只有三根手指可以活动。疾病已经使他的身体严重变形，后来他因患肺炎做了穿气管手术，被彻底剥夺了说话的能力，演讲和问答只能通过语音合成器来完成。当时医生预测他最多活 2 年，但至今他依然活跃在科学界。1973 年，他考察了黑洞附近的量子效应，发现黑洞会像天体一样发出辐射，其辐射的温度和黑洞质量成反比，这样黑洞就会因为辐射而慢慢变小。而其温度却越变越高，最后以爆炸而告终。黑洞辐射或霍金辐射的发现具有极其重要

霍金

的意义，它将引力、量子力学、统计力学统一在了一起。

1974 年以后，他的研究转向了量子引力论。虽然人们还没有得到一个成功的理论，但它的一些特征已被发现。例如，空间—时间在普朗克尺度（10^{-33} 厘米）下不是平坦的，而是处于一种粉末的状态。在量子引力中不存在纯态，因果性受到破坏，因此使不可知性从经典统计物理学、量子统计物理提高到了量子引力的第三个层次。

1980 年以后，霍金的兴趣转向了量子宇宙论，提出了能解决宇宙第一推动问题的无边界条件。2004 年 7 月，他承认了自己原来的"黑洞悖论"观点是错误的。霍金认为他一生的贡献是在经典物理的框架里，证明了黑洞和大爆炸奇点的不可避免性，黑洞越变越大，但在量子物理的框架里，他指出，黑洞因辐射而越变越小，大爆炸的奇点不断被量子效应所抹平，而且整个宇宙正是起始于此。但是，奇点说是根本错误的。

20 世纪 70 年代时，霍金将量子力学应用于解释黑洞现象。但是在之后的 30 年中，用量子力学解释整个宇宙已经变得更加困难了。霍金想找到一套可以完美解释整个宇宙现象的理论，来说明 137 亿年诞生后直到现在的宇宙，但是多年过去了，他仍然没有得出结论。按照他的量子力学理论，宇宙诞生是大爆炸产生的，这是一个被压缩的无限小却具有超大重力的物质（也可以理解成密度无限大）爆炸的产物。量子力学的理论范畴不能够解释这一个过程是如何进行的，为什么会这样。霍金说"那必须有一套可以描述小规模重力的理论"。最新的科学突破是霍金的同事，伦敦玛丽皇后学院的麦克·格林参与建构的超弦理论，简称为"弦论"，这理论指出所有粒子和自然力量，其实都是在震荡中的像弦一样的微小物体，解决了霍金一直想努力解答的重力问题，不过这个理论建立在宇宙必须有 9、10 个甚至是大于 11 个的维度中，而人类身处的三维世界可能仅仅是真正宇宙的其中一个膜……但是，弦论至今没有得到证实。

2014 年 1 月 24 日，霍金教授再次以其与黑洞有关的理论震惊物理学界。他在日前发表的一篇论文中承认，黑洞其实是不存在的，不过"灰洞"的确存在。在这篇名为《黑洞的信息保存与气象预报》的论文中,霍金指出,由于找不到黑洞的边界,因此黑洞是不存在的。经典黑洞理论认为,黑洞外的物质和辐射可以通过视界进入黑洞内部,而黑洞内的任何物质和辐射均不能穿出视界。但量子力学理论表明,能量和信息是可以从黑洞中出来的。但霍金的最新"灰洞"理论认为,物质和能量在被黑洞困住一段时间以后,又会被重新释放到宇宙中。他在论文中承认,自己最初有关视界的认识是有缺陷的,光线其实是可以穿越视界的。当光线逃离黑洞核心时,它的运动就像人在跑步机上奔跑一样,慢慢地通过向外辐射而收缩。

霍金同时指出,对于这种逃离过程的解释需要一个能够将重力和其他基本力成功融合的理论。在过去近 100 年间,物理学界没有人曾试图解释这一过程。

对于霍金的"灰洞"理论,一些科学家表示认可,但也有人持怀疑态度。美国卡夫立理论物理研究所的理论物理学家约瑟夫·波尔钦斯基指出,根据爱因斯坦的重力理论,黑洞的边界是存在的,只是它与宇宙其他部分的区别并不明显。霍金的理论缺乏观测事实的支持和验证,这是其致命的弱点。

5.3　天体观测的进展

5.3.1　射电天文学的诞生

在第 4 章中已经对射电天文望远镜作了较详尽的讲述,下面从射电天文学的角度,作一重点介绍。

1. 央斯基的发现

1931 年至 1932 年期间,捷裔美籍无线电工程师央斯基在贝尔电话实验室工作。他用长 30.5 米、高 3.66 米的旋转天线阵检测无线电通信的各种干扰因素时,探测到一种来源不明的稳定的天电噪声。1935 年,人们确认这是来自银河系中心的射电辐射。

2. 雷伯的经典式射电望远镜

1937 年，美国无线电工程师雷伯建造了 9.45 米口径的抛物面天线，这是第一台经典式射电望远镜。1940 年，他确认了央斯基的发现，并绘出了对应于银心的射电源的等强度线。论文发表于《天体物理学杂志》。

由于央斯基和雷伯的开创性工作，射电天文学得以诞生，这是天文学发展史上又一次新的飞跃，使得人类能够接收来自宇宙的无线电波段的信号，极大地扩展和深化了人类认识宇宙的视野。从此，许多前所未有的发现接踵而来。

5.3.2 银河系结构的射电探测

1. 21 厘米微波辐射的理论预言

1944 年，荷兰天文学家范得胡斯特（1918— ）从理论上预言太空中的中性氢区发射波长为 21.2 厘米的微波辐射。

2. 21 厘米微波辐射的探测

1951 年，美国的尤恩和珀塞尔首次观测到来自银河系的 21 厘米谱线信号。接着荷兰的穆勒和奥尔特，以及澳大利亚的克里斯琴森等也观测到了。

1958 年，荷兰和澳大利亚的天文学家联合探测，绘制了银河系的中心氢分布图。图上清楚地显示了银河系具有旋涡结构，并发现了几条旋臂。

5.3.3 20 世纪 60 年代的四大天文发现

1. 类星体的发现

1960 年，美国天文学家马修斯和桑德奇等发现射电源 3C 48 对应的光学像类似于一颗恒星，其光谱有一些奇怪的发射线。后来发现它的主要发射线实际上是红移量达 0.367 的氢线。

1963 年,美国天文学家 M. 施米特拍摄了射电源 3C 273 中恒星状天体的光谱,主要发射线是红移达 0.158 的氢线。

这类天体称类星射电源,通称"类星体"。

2. 微波背景辐射的发现

1964 年 7 月至 1965 年 4 月,美国科学家在波长 7.35 厘米的微波段进行探测,发现有相当于 3.5±1 开的剩余噪声。噪声是各向同性的,而且没有季节性变化。

1965 年下半年,普林斯大学物理教授迪克领导的小组在 3.2 厘米波长处也观测到了 3K 微波背景辐射。

3. 射电脉冲星的发现

1967 年 7 月,在英国天文学家休伊什的主持下,剑桥大学卡文迪许实验室建成了一架时间分辨率很高的射电望远镜。望远镜工作波长为 3.7 米,天线是具有 2048 个的偶极子的天线阵,占地面积 18 212 平方米。1967 年 10 月,贝尔发现记录纸带上有奇怪的脉冲信号。

1967 年 11 月 28 日,记录表明这个位于狐狸座的射电源以 1.337 秒、极精确周期的脉冲形式辐射出射电波。这类发出射电脉冲的射电源称为射电脉冲星。

1974 年,休伊什获诺贝尔物理奖。

1939 年,美国原子物理学家奥本海姆预言并建立了第一个中子星模型。1968 年,美国天文学家戈尔德指出射电脉冲星的本质就是高速自转的中子星。

4. 星际有机分子的发现

1963 年和 1968 年 12 月,美国先后发现星际羟基分子(OH)和星际氨分子(NH_3),不久又发现了星际水分子(H_2O)。

1969 年 3 月,美国一个小组用直径 43 米的射电望远镜在射电源人马座 A 和人马座 B2 背景上发现星际甲醛分子(H_2CO)。这是人类发现的第一个星际有机分子。之后,又发现了许多星际有机分子。星际有机分子的发现为宇宙化学和生命起源的研究揭开新的一页。

20 世纪 60 年代的四大天文发现标志射电天文学已经成熟,也表明射电天文学为宇宙、天文学开辟了全新的研究领域。

5.3.4 射电天文学的新进展

1. 甚长基线射电干涉测量

1965 年,美国佛罗里达大学的一个研究小组首次使用了各自独立的磁带记录干涉仪探测木星的射电爆发区域,获得 $0.1''$ 的分辨率。

当前甚长基线射电干涉测量(VLBI)的分辨率已达 $0.000\,2''$。

2. 综合孔径射电望远镜

20 世纪 50 年代,英国天文学家赖尔首先提出制造综合孔径射电望远镜的设想。1963 年,他完成了两个天线最大间距为 1.6 千米的综合孔径射电望远镜。它的研制成功使射电源的成像成为可能。这是射电天文技术的一项重大突破。1971 年,赖尔主持制造英国剑桥大学的"五千米阵"。1974 年,赖尔荣获诺贝尔物理学奖。

当前最大的综合孔径射电望远镜是美国的甚大阵(VLA)。

3. 毫米波和亚毫米波天文学

星际分子的谱线波长多在 1～10 毫米的波段和 0.35～1 毫米的亚毫米波段。随着空间探测能力的提升,形成射电天文学中新分支——毫米波和亚毫米波天文学。

4. 全波段天文学

天体发射着 $10^{-12} \sim 10^{8}$ 厘米范围的电磁波,但只有可见光和两侧的近紫外、近红外、约 1 毫米至 30 米的射电波,以及红外波段的几小段波长区间内的辐射才能到达地面。

20 世纪 40 年代以来,首先射电天文学问世,随之红外天文学、紫外天文学、X 射线天文学、γ 射线天文学等一系列新的天文学科也产生了,这些新学科大部分与航天科技及空间探测的进展紧密相关。由此,宇宙天文学从光学天文学进入全波段天文学。

5. 发现更多、更大的黑洞

2011 年初,科学家宣称,在我们所在的银河系中央存在一个黑洞。其质量比太阳的大 400 万～500 万倍。

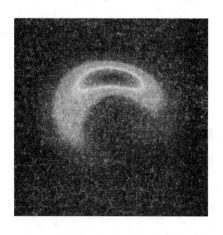

2015 年初,中国北京大学发布:以中国天文学家为主的科研团队发现了一颗距离地球 128 亿光年的、430 万亿倍太阳光度的超亮类星体,其中心黑洞质量约为 120 亿倍太阳质量,比先前发现的同时期黑洞质量的总和还要大 1倍。德国科学家也宣布了同样的发现。

5.4 宇航时代到来

5.4.1 空间探测手段的发展

（1）气球。1783 年，法国蒙哥尔费兄弟研制成的热空气气球首次升空，后来又用氢和氦代替热空气。

现代的气球最高可升到 52 千米高，载重 5 吨，留空时间 10 年。可以把99.9％的大气留在气球之下。这一阶段的天空中几乎没有水汽和二氧化碳，对红外观测有利。

（2）火箭。由中国人最早发明。北宋开宝三年（970 年）冯继升和岳义方两人作了首次成功试验。

（3）现代宇宙航行的奠基者

俄国的齐奥尔科夫斯基（1857—1935）为利用火箭作宇宙飞行奠定了理论基础。

1926 年，美国物理学家戈达德在马萨诸塞州发射了第一枚现代意义上的火箭。

1923 年，德裔科学家奥伯特出版《飞往星际空间的火箭》一书，论述了火箭飞行理论和火箭结构，后来又参加了 V—2 火箭的研制。

齐奥尔科夫斯基、戈达德和奥伯特被公认为现代宇宙航行的奠基者。

20 世纪 40—50 年代用高空火箭飞出大气外作空间控制探测。

（4）人造地球卫星和宇宙飞船

1957 年 10 月 4 日，苏联发射了第一颗人造地球卫星"卫星 1 号"。11 月3 日又发射了第二颗——"卫星 2 号"。

1958 年 1 月 31 日，美国发射了人造地球卫星——"探险者 1 号"。

人造地球卫星的上天标志着人类进入了宇航时代，也为宇航空间探测开辟了广阔的道路。地球是人类的摇篮、宝贵的家园。但人类已长大，必然会飞往太空,去探寻无限神秘的未知世界,去破解萦绕心中的各种谜团。尽管征途上充满艰险,会有伤痛,仍阻挡不住人类前进的步伐。

5.4.2　开展空间探测

1.地球辐射带的发现

人造地球卫星发射后的第一项天文学成就是通过对地球周围空间的探测发现了地球上空的两个带电粒子区——辐射带。

1959年,美国天文学家范艾伦根据"探险者1号"、"探险者4号"和"先驱者3号"等探测器的探测结果发现了地球上空两个辐射带:内、外范艾伦带。

2.对月球的探测

(1)苏联对月球的探测

由"月球"号飞船系列实现。

① 1959年10月4日,"月球"3号首次拍摄了月球背面的图像。

② 1966年2月3日,"月球"9号首次在月球上软着陆。

③ 1970年9月,"月球"16号首次挖取月球样品,并返回地球。

④ 1970年11月,"月球"17号;1973年1月"月球"21号,各携带一辆月行车,在月面巡视考察。

(2)美国对月球的探测

早期分别由"徘徊者"、"勘测者"、"月球轨道环行器"和"阿波罗"4个飞船系列实现各阶段任务。

① 1961年8月至1965年3月,发射了"徘徊者"系列9个飞船,仅最后

3 个实现硬着陆。

② 1966 年 5 月至 1968 年 1 月，"勘测者"系列中 5 个成功实现软着陆。

③ 1966 年 5 月至 1967 年 8 月，"月球轨道环行器"和 5 艘绕月飞船，为"阿波罗"飞船选择着陆点。

④ 1965 年 2 月至 1972 年 12 月，"阿波罗"系列的共 17 艘飞船。前 6 艘无人，7～10 号为载人试验。

1969 年 7 月 16 日，"阿波罗"11 号发射，7 月 20 日两名宇航员登陆于月面静海。

之后，"阿波罗"12、14、15、16、17 均载人登月成功，在月面进行多项科学活动，采回月岩、月壤样品 400 多千克。

（3）中国对月球的探测

2007 年 11 月 26 日，中国正式公布"嫦娥一号"卫星传回的第一幅月面图像。2009 年 3 月 1 日，"嫦娥一号"卫星在控制下成功撞击月球。为我国月球探测的一期工程，画上了圆满句号。

"嫦娥二号"于2010年10月1日在西昌卫星发射中心发射升空,并获得了圆满成功。

2020年前,我国的月球探测工程以无人探测为主,分三个实施阶段。

"绕":2004年至2007年(一期),研制和发射我国首颗月球探测卫星,实施绕月探测。这一阶段主要任务是研制和发射月球探测卫星,突破绕月探测关键技术,对月球地形地幔、部分元素及物质成分、月壤特性、地月空间环境等进行全球性、整体性与综合性的探测,并初步建立我国月球探测航天工程系统。

"落":2013年前后(二期),进行首次月球软着陆和自动巡视勘测。主要任务是突破月球软着陆、月面巡视勘察、深空测控通信与遥控操作、深空探测运载火箭发射等关键技术,研制和发射月球软着陆探测器和巡视探测器,实现月球软着陆和巡视探测,对着陆区地形地貌、地质构造和物质成分等进行探测,并开展月基天文观测。

"回":2020年前(三期),进行首次月球样品自动取样返回探测。主要任务是突破采样返回探测器小型采样返回舱、月表钻岩机、月表采样器、机器人操作臂等技术;在现场分析取样的基础上,采集关键性样品返回地球,进行实验室分析研究;深化对地月系统的起源与演化的认识。

在"绕"、"落"、"回"均成功实现以后,我们才能进行下一步的人登上月球的计划。

对月探测使宇宙、天文学的研究方法产生了历史性变化,由局限于观测方法,发展为了可以同时采用实验方法。

3. 对水星和金星的探测

对水星探测:

1973年11月3日,美国发射"水手"10号。1974年2月5日,探测金星(距离5800km)后,受金星引力作用后加速,进入与水星轨道在远日点相切的绕日运动轨道。3月29日近距离探测水星(距离703km)。9月21日再次近距离探测水星。次年3月16日最后一次探测水星(距离327km)。

2004 年,美国发射"信使号"火星探测器,并于 2011 年进入火星环绕轨道。

对金星探测:

方式:逼近飞行、硬着陆、绕转飞行。

苏联:"金星"号飞船系列,1961 年至 1981 共 14 艘。

美国:

第一艘 1961 年 5 月 20 日,"金星"1 号飞越金星。

首次硬着陆,1967 年 10 月 18 日,"金星"4 号。

首次软着陆,1970 年 12 月 15 日,"金星"7 号。

首批金星表面照片,1975 年,"金星"9 号、10 号。

首次绕金星飞行,1978 年 12 月,"先驱者—金星"1 号。

4. 对火星的探测

苏联:"火星"号飞船系列,1962 年 11 月至 1973 年 8 月,共 7 艘。

美国:"水手"4、6、7、9 号飞船;"海盗"1、2 号飞船。

首次软着陆,1971 年 12 月,"火星"3 号。

1976 年 7 月 20 日"海盗"1 号,1976 年 9 月 3 日"海盗"2 号,软着陆分析土壤样品,未发现生命迹象。

5. 对类木行星的探测

美国两个系列的飞船:"先驱者"号和"旅行者"号。

1972 年 3 月 3 日发射"先驱者"10 号,1973 年 12 月 4 日飞越木星。

1973 年 4 月 5 日发射"先驱者"11 号,1974 年 12 月 3 日飞越木星。1979 年 9 月飞越土星。

1977 年 8 月 20 日发射"旅行者"1 号,1979 年 3 月 5 日飞越木星,1980 年 8 月飞越土星。

1977 年 9 月 5 日发射"旅行者"2 号,1979 年 7 月飞越木星,1981 年 8 月飞越土星,1986 年 1 月飞越天王星,1991 年飞越海王星。

航天科技及太空探测对宇宙科学发挥着越来越重要的作用。

5.4.3 载人航天

1961 年 4 月 12 日,苏联宇航员加加林(1934—1968)成为世界飞入太空的第一人。

1965 年 3 月 18 日,苏联宇航员列昂诺夫走出"上升"2 号飞船,离船5 米,停留 12 分钟,首次实现人类航天史上的太空行走。

苏联宇航员科马洛夫,1967 年 4 月 24 日乘"联盟"1 号飞船返回地面时,因降落伞未打开,成为第一位为航天殉难的宇航员。

1969 年 1 月 14 至 17 日,苏联的"联盟"4 号和 5 号飞船在太空首次实现交会对接,并交换了宇航员。

1969 年 7 月 20 日,美国宇航员阿姆斯特朗乘坐"阿波罗"11 号飞船,成为人类踏上月球的第一人。

1971 年 4 月 9 日,苏联"礼炮"1 号空间站成为人类进入太空的第一个空间站。两年后,美国将"天空实验室"空间站送入太空。

1981 年 4 月 12 日,世界第一架航天飞机——美国的"哥伦比亚"号航天飞机发射成功。

1981 年 4 月 21 日,美国成功发射并返回世界上首架航天飞机"哥伦比亚"号,使可重复使用的天地往返系统梦想成真。

1984 年 2 月 7 日,美国宇航员麦坎德列斯和斯图尔特不拴系绳离开"挑战者"号航天飞机,成为第一批"人体地球卫星"。

1985 年 7 月 25 日,王赣骏乘"挑战者"号航天飞机进入太空,成为第一位华裔宇航员。

1986年1月28日，"挑战者"号航天飞机起飞时发生爆炸，7位宇航员全部遇难，成为迄今最大的一次航天灾难。

1986年2月20日，苏联发射"和平"号空间站，服役已经超期8年，是目前最成功的人类空间站。

1993年11月1日，美、俄签署协议，决定在"和平"号空间站的基础上，建造一座国际空间站，命名为"阿尔法国际空间站"。

俄罗斯的波利亚科夫于1994年至1995年间在"和平"号空间站上连续停留438天，成为在太空停留时间最长的男宇航员；而美国的露西德于1996年在"和平"号上停留了188天，成为在太空停留时间最长的女宇航员。

1995年6月29日，美国"亚特兰蒂斯"号航天飞机与俄罗斯"和平"号空间站第一次对接，开始了总计9次的航天飞机与空间站的对接，为建造国际空间站拉开了序幕。

2003年2月1日，"哥伦比亚"号航天飞机在返回途中解体，机上7人全部丧生，迫使美国停止航空飞机发展计划。

2003年10月15日，中国首位宇航员杨利伟乘"神舟五号"进入太空。

中国航天史是从1956年2月开始的，当时著名科学家钱学森向中央提出《建立中国国防航空工业的意见》。

1960年2月19日，中国自行设计制造的试验型液体燃料探空火箭首次发射成功。

1970 年 4 月 24 日 21 时 31 分,中国"东方红"一号飞向太空。这是中国发射的第一颗人造地球卫星。

1971 年 3 月 3 日,中国发射了科学实验卫星"实践一号"。卫星在预定轨道上工作了 8 年。

1971 年 9 月 10 日,我国的洲际火箭首次飞行试验基本成功。

1975 年 11 月 26 日,中国发射了一颗返回式人造卫星。卫星按预定计划于 29 日返回地面。

1984 年 4 月 8 日,中国第一颗地球静止轨道试验通信卫星发射成功。16 日,卫星成功地定点于东经 125°赤道上空。

1986 年 2 月 1 日,中国发射一颗实用通信广播卫星。20 日,卫星定点成功。这标志着中国已全面掌握运载火箭技术,卫星通信由试验阶段进入实用阶段。

1987 年 8 月,中国返回式卫星为法国搭载试验装置。这是中国打入世界航天市场的首次尝试。

1988 年 9 月 7 日,中国发射一颗试验性气象卫星"风云一号"。这是中国自行研制和发射的第一颗极地轨道气象卫星。

1990 年 4 月 7 日,中国自行研制的"长征三号"运载火箭在西昌卫星发射中心,把美国制造的"亚洲"1号通信卫星送入预定的轨道,首次取得了为国外用户发射卫星的圆满成功。

1990年7月16日9时40分,中国新研制的大推力运载火箭——"长征"二号捆绑式运载火箭在西昌卫星发射中心发射成功,将模拟卫星送入了预定轨道。这枚火箭是由中国新建的大型航天发射设施发射升空的,同时还为巴基斯坦搭载发射了一颗小型科学实验卫星。

1991年1月22日下午18时23分,中国第1枚120千米高空低纬度探空火箭——"织女三号"在中国科学院海南探空发射场发射试验成功。

1994年2月22日,中国第一座海事卫星地球站通过验收。它的建成填补了中国高科技的一项空白。

1998年5月2日,中国自行研制生产的"长征二号丙"改进型运载火箭在太原卫星发射中心发射成功。这标志着中国具有参与国际中低轨道商业发射市场竞争力。

2003年10月15日,"神舟五号"载人飞船升空;2005年10月12日,"神舟六号"搭载2名航天员升空。2013年6月,"神舟十号"搭载3名航天员升空,其中1名为女性。

2013年4月,诺贝尔奖获得者、华裔科学家丁肇中及其研究团队(包括中国)借助空间阿尔法磁谱仪已发现680万个正电子,正在探索太空的征程中前行。要指出的是,空间阿尔法磁谱仪上的关键部件之一的永磁体是由中国航天人研制的。

5.5 小结

20 世纪以来,在前人科学工作的基础上,特别是以牛顿为代表所建立的经典宇宙学引导下,宇宙学获得了巨大的发展。量子力学与相对论的创立,确立了现代宇宙学坚实的基础。宇宙科学理论与技术的进步,催生并促进着航天科技新学科的建立和发展;而航天科技的飞速发展,特别是空间探测技术带来的诸多重大新发现,又进一步给了宇宙理论的实验验证和证实的根据。这种良性的相互促动,将使宇宙科学和航天科技继续保持活力,得到更多的新成果。

天体分光技术、照相技术、测光技术和光谱分析技术的进展,直接推动了"赫罗图"的出现,恒星演化研究及其距离的测试、银河系模型的建立、河外星系的确认,极大地拓展了对宇宙的研究;宇宙膨胀学说和哈勃定律(即红移定律)的创立和证实、大爆炸理论的提出、宇宙背景辐射的发现和氦元素丰度的证实,进一步确立了宇宙理论必须要实践来检验和证实的科学方法;宇宙膨胀的终止并转入收缩直至下一次爆炸理论的提出和分析、论证,描述出宇宙未来的图景,期待着科学家们继续提供翔实的观测、计算和仿真的数据,开展更深入的研究。

人造航天器的出现,开创了宇宙研究的新纪元。射电天文望远技术、空间天文探测技术、巨型高速计算机及智能技术和大数据信息技术的不断创新,极大地扩展和深化了人类认识宇宙的视野,许多前所未有的发现更加充实了人类对真实宇宙的科学认知,同时也直接或间接地造福于人类社会。先进的知识、思想、科学、技术是人类社会不断发展的强大动力和制胜的法宝。可以相信,随着理论工具和技术工具的共同进步,对宇宙的探索会愈加深入,人类能够掌握宇宙的发展规律并提升自己的素养和能力来适应它,获得更好的长久生存空间。

参考文献

[1]　钮卫星.天文学史[M].上海：上海交通大学出版社,2011.

[2]　[美]克里斯琴森.星云世界的水手——哈勃传[M].何妙福,朱保如,译.上海：上海
　　　科技教育出版社,2000.

[3]　小多文化传媒公司.宇宙深处[M].天津：天津新蕾出版社,2013.

[4]　张邦固.宇宙中航行[M].北京：知识产权出版社,2014.

[5]　张邦固.恒星起源动力学[M].北京：科学出版社,1994.

[6]　曹天元.上帝掷骰子吗？量子物理史话[M].沈阳：辽宁教育出版社,2011.

[7]　[美]艾萨克森.爱因斯坦传[M].张卜天,译.长沙：湖南科学技术出版社,2012.

[8]　[美]格林.宇宙的结构[M].刘茗引,译.长沙：湖南科学技术出版社,2012.

[9]　[英]考克斯　科恩.宇宙的奇迹[M].李剑龙,叶泉志,译.北京：人民邮电出版
　　　社,2014.

[10]　张邦固.恒星起源动力学[M].北京：科学出版社,1994.

[11]　[英]帕森斯.科学的历史[M].涂文文,译.北京：人民邮电出版社,2014.

[12]　[英]拉森.霍金传[M].王迪,译.上海：上海远东出版社,2010.

[13]　苏宜.天文学新概论[M].北京：科学出版社,2012.

[14]　龚钴尔.航天简史[M].天津：天津科学技术出版社,2012.

[15]　唐国东,华强.翱翔太空：中国载人航天之路[M].上海：上海交通大学出版
　　　社,2012.